"十四五"职业教育国家规划教材

Maya 三维动画制作案例教程

(修订版)

主　编　刘　斯　许玲玲
副主编　李俊霞　赵　泉　赵　赢　石开明

科学出版社

北　京

内 容 简 介

本书是编者根据多年的教学和实践经验，精选实际工作中的典型案例编写而成的。本书的主要内容包括 Maya 中文版的常用设置、基本操作、NURBS 建模、多边形建模、材质贴图、基础动画制作、骨骼绑定及动画制作、灯光渲染、特效制作等。

本书适合作为职业院校"Maya 三维动画"课程的教材，也可供三维动画爱好者学习参考。

图书在版编目(CIP)数据

Maya 三维动画制作案例教程（修订版）/刘斯，许玲玲主编.—北京：科学出版社，2018.9

"十四五"职业教育国家规划教材

ISBN 978-7-03-058177-8

Ⅰ. ①M… Ⅱ. ①刘… ②许… Ⅲ. ①三维动画软件-高等职业教育-教材 Ⅳ. ①TP391.414

中国版本图书馆 CIP 数据核字（2018）第 139543 号

责任编辑：张振华 / 责任校对：王万红
责任印制：吕春珉 / 封面设计：孙　普

科学出版社 出版

北京东黄城根北街 16 号
邮政编码：100717
http://www.sciencep.com

三河市中晟雅豪印务有限公司 印刷
科学出版社发行　各地新华书店经销

*

2018 年 9 月第　一　版	开本：787×1092　1/16
2022 年 12 月修　订　刷	印张：19 1/2
2024 年 8 月第十三次印刷	字数：420 000

定价：56.00 元

（如有印装质量问题，我社负责调换）

销售部电话 010-62136230　编辑部电话 010-62135120-2005

版权所有，侵权必究

前　言

本书于 2018 年 9 月首次出版，分别于 2020 年 12 月、2023 年 6 月被教育部评为"十三五"职业教育国家规划教材、"十四五"职业教育国家规划教材。自出版以来，受到广大读者的普遍欢迎，被众多院校指定为相关专业的专用教材。许多热心读者在使用本书后提出了宝贵的修订建议。

党的二十大报告深刻指出："加快建设国家战略人才力量，努力培养造就更多大师、战略科学家、一流科技领军人才和创新团队、青年科技人才、卓越工程师、大国工匠、高技能人才。"为了深入贯彻落实党的二十大精神，编者根据二十大报告和《职业院校教材管理办法》《高等学校课程思政建设指导纲要》《"十四五"职业教育规划教材建设实施方案》等相关文件精神，对本书内容做了更新、完善等修订工作。在修订过程中，编者紧紧围绕"培养什么人、怎样培养人、为谁培养人"这一教育的根本问题，以落实立德树人为根本任务，以学生综合职业能力培养为中心，以培养卓越工程师、大国工匠、高技能人才为目标。

通过这次修订，本书的体例更加合理和统一，概念阐述更加严谨和科学，内容重点更加突出，文字表达更加简明易懂，工程案例和思政元素更加丰富，配套资源更加完善。具体而言，主要具有以下几个方面的突出特点。

1. 校企"双元"联合编写，行业特色鲜明

本书是在行业专家、企业专家和课程开发专家的指导下，由校企"双元"联合编写的。编者均来自教学或企业一线，具有多年的教学或实践经验，多数人带队参加过国家或省级技能大赛，并取得了优异的成绩。在编写本书的过程中，编者能紧扣该专业的培养目标，借鉴技能大赛所提出的能力要求，把技能大赛过程中所体现的规范、高效等理念贯穿其中，符合当前企业对人才综合素质的要求。

2. 项目引领，任务驱动，对接实际工作岗位

本书采用"基于项目教学""基于工作过程"的职业教育课程改革理念，以真实生产项目、典型工作任务、案例等为载体组织教学，能够满足项目学习、案例学习、模块化学习等不同教学方式要求。每个项目包含若干任务，每个任务安排了"任务目的""相关知识""任务实施"等模块，将知识、技能、素养贯穿于实例中，具有很强的针对性和可操作性。

本书中的实例涵盖了 Maya 的大部分制作技巧，并且包含了三维动画在各个领域中的应用，如电影、电视、广告、游戏等。通过学习，学生能够迅速掌握各个实例的制作思路和制作方法，快速提升 Maya 的应用技能和设计水平，以达到事半功倍的学习效果。

3. 体现以人为本，强调综合职业能力的培养

本书切实从职业院校学生的实际出发，以浅显易懂的语言和丰富的图示来进行说明，不过度强调理论和概念，主要介绍操作技能、技巧，培养学生的职业能力，拓展学生视野，帮助学生树立创新精神，培养学生独立解决问题的能力。

本书抛弃了以往 Maya 类书籍中过多的理论描述，从实用、专业的角度出发，剖析各个知识点。本书以练代讲，练中学，学中悟，只要跟随操作步骤完成每个实例的制作，就可以掌握 Maya 的技术精髓。这种全新的教学方式不仅可以大幅度提高学生的学习效率，还可以很好地激发学生的学习兴趣和创作灵感。

4. 融入思政元素，充分落实课程思政

为深入贯彻党的二十大精神，践行、弘扬"富强、民主、文明、和谐、自由、平等、公正、法治、爱国、敬业、诚信、友善"的社会主义核心价值观，落实"立德树人"的根本任务，本书以"习近平新时代中国特色社会主义思想"为指导，结合动漫与数字媒体领域相关岗位的共性职业素养要求，紧密围绕"知识、技能、素养"三位一体的教学目标，从"爱国情怀、民族自信、社会责任、法治意识、工业文化、职业态度、职业素养"等维度着眼，设计教学内容及配套的思政案例资源，开发配套的思政案例资源库，通过"一个举例（案例）、一段总结、一个标准、一段历史、一项任务、一段经历、一幅画作、一个故事、一段视频、一条新闻"等方式，润物细无声地将课程思政内容有效传递给学习者。

5. 配套立体化教学资源，适应信息化教学

为了方便教师教学和学生自主学习，本书配套有免费的立体化的教学资源包，包括多媒体课件、微课、视频、实训手册等。此外，本书中穿插有丰富的二维码资源链接，通过扫描可以观看相关的微课视频。

本书建议教学时数为 148 课时，各项目课时分配请参考下表。

项目	课程内容	讲授	上机	合计
1	Maya 2015 快速入门	3	3	6
2	NURBS 建模	8	8	16
3	多边形建模	10	20	30
4	材质贴图	10	10	20
5	基础动画制作	6	14	20
6	骨骼绑定及动画制作	6	14	20
7	灯光渲染	6	12	18
8	特效制作	6	12	18
总计		55	93	148

本书由厦门信息学校刘斯、许玲玲担任主编，河南农业职业学院李俊霞、厦门市集美职业技术学校赵泉、厦门信息学校赵赢、晋兴职业技术学校石开明担任副主编。

由于编者水平有限，加之编写时间仓促，书中难免存在疏漏和不足之处，恳请广大读者批评指正，意见和建议请发至 liusi_xm@163.com、zhiqingshui@qq.com。

目 录

项目 1 Maya 2015 快速入门 ... 1

任务 1.1 初识 Maya 2015 ... 2
任务 1.2 熟悉 Maya 的工作界面 ... 4
任务 1.3 学习视图基本操作 ... 10
任务 1.4 编辑对象 ... 11
任务 1.5 设置坐标系统 ... 13
任务 1.6 处理 Maya 常见问题 ... 14
任务 1.7 项目实训——创建石膏体组合 ... 16

项目 2 NURBS 建模 ... 23

任务 2.1 "倒角"命令的应用——制作"信息学校"模型 ... 24
任务 2.2 "圆化工具"命令的应用——制作哑铃模型 ... 25
任务 2.3 "自由形式圆角"命令的应用——制作电池模型 ... 29
任务 2.4 "布尔"命令的应用——制作口红模型 ... 34
任务 2.5 "CV 曲线工具"命令的应用——制作花瓶模型 ... 38
任务 2.6 "挤出"命令的应用——制作节能灯泡模型 ... 41
任务 2.7 "放样"命令的应用——制作檐口模型 ... 45
任务 2.8 "附加曲线"命令的应用——制作沙漏模型 ... 49
任务 2.9 "缝合"命令的应用——制作工业存储罐模型 ... 59
任务 2.10 "EP 曲线工具"命令的应用——制作茶壶模型 ... 63

项目 3 多边形建模 ... 69

任务 3.1 基本体的应用——制作钻石模型 ... 70
任务 3.2 "保持面的连接性"命令的应用——制作盒子模型 ... 72
任务 3.3 "插入循环边工具"命令的应用——制作子弹模型 ... 74
任务 3.4 特殊命令的应用——制作轮毂模型 ... 77
任务 3.5 "套索工具"命令的应用——制作螺钉模型 ... 82
任务 3.6 "挤出"命令的综合应用——制作奶茶杯模型 ... 87
任务 3.7 "交互式分割工具"命令的应用——制作神殿模型 ... 92
任务 3.8 "软选择"工具的应用——制作琵琶模型 ... 102

任务 3.9 "结合"命令的应用——制作骰子模型 ················ 107
任务 3.10 "冻结"命令的应用——制作羽毛球模型 ·············· 110

项目 4 材质贴图　　　　　　　　　　　　　　　　　　　　　115

任务 4.1 制作 X 光射线透明效果——多彩荷花 ················ 116
任务 4.2 制作双面材质——游戏卡牌 ·········· 119
任务 4.3 制作金属材质——金属摆件 ·········· 128
任务 4.4 制作玻璃材质——玻璃杯组 ·········· 132
任务 4.5 制作迷彩材质——抱枕 ············· 139
任务 4.6 制作格子布料效果——桌布 ·········· 142
任务 4.7 制作玉石材质——玉石摆件 ·········· 146
任务 4.8 制作陶瓷材质——陶罐 ············· 150

项目 5 基础动画制作　　　　　　　　　　　　　　　　　　　154

任务 5.1 初识 Maya 动画功能 ················ 155
任务 5.2 关键帧的应用——制作帆船平移动画 ················ 158
任务 5.3 曲线图编辑器的应用——制作重影动画 ··············· 161
任务 5.4 混合变形器的应用——制作表情动画 ················ 167
任务 5.5 抖动变形器的应用——制作腹部运动效果 ·············· 173
任务 5.6 摄影机的应用——制作跟随小球动画 ················ 177
任务 5.7 运动路径的应用——制作小鱼游动动画 ··············· 181
任务 5.8 流动路径的应用——制作字幕穿越动画 ··············· 184
任务 5.9 目标约束的应用——制作眼睛转动动画 ··············· 187
任务 5.10 项目实训——制作飞龙盘旋动画 ·················· 191

项目 6 骨骼绑定及动画制作　　　　　　　　　　　　　　　　199

任务 6.1 创建角色骨架系统 ················· 200
任务 6.2 制作蒙皮与绘制权重 ················ 222
任务 6.3 骨骼动画的应用——制作行走的小人 ················ 226

项目 7 灯光渲染　　　　　　　　　　　　　　　　　　　　　233

任务 7.1 点光源的应用——制作辉光效果 ·················· 234
任务 7.2 聚光灯的应用——制作灯光雾效果 ················· 236
任务 7.3 光照渲染的设计——制作岩壁之光效果 ··············· 238
任务 7.4 聚散效果的设计——制作精致的小花瓶 ··············· 241

任务 7.5　车漆材质及分层渲染的应用——制作跑车 …… 243
任务 7.6　三点光照效果的应用——制作室内灯效 …… 245
任务 7.7　三点光照效果的应用——制作室外灯效 …… 248
任务 7.8　分层渲染的应用——制作桌子上的静物 …… 250

项目 8　特效制作　254

任务 8.1　雪景特效的应用——制作冬日飘雪 …… 255
任务 8.2　烟花特效的应用——制作夜空烟花 …… 265
任务 8.3　烟雾特效的应用——制作香烟袅袅 …… 269
任务 8.4　海洋特效的应用——制作海面 …… 272
任务 8.5　布料特效的应用——制作布料效果 …… 280
任务 8.6　火焰特效的应用——制作火焰 …… 284
任务 8.7　粒子文字特效的应用——制作 Maya 文字 …… 289
任务 8.8　多米诺骨牌特效的应用——制作倒塌的骨牌 …… 297

参考文献　304

项目 1　Maya 2015 快速入门

◎ **项目导读**

　　Maya 2015 中文版是 Autodesk 推出的一款完备的三维（3-dimension，3D）动画软件，它提供了一套完备的创意功能集，可在具有高度可扩展性的制作平台上完成 3D 计算机动画制作、建模、模拟、渲染及合成。

　　与 Maya 软件的早期版本相比，Maya 2015 为模拟、效果、动画、建模、着色和渲染提供了强大的新工具集。它可以帮助从事 3D 动画、视效、游戏设计和后期制作工作的企业开发和维护先进的开放式工作流，从容应对如今严峻的生产挑战。Maya 2015 强大的全新动态仿真、动画和渲染工具集能够帮助艺术家达到全新的创意水平，获得更高的生产效率，从而保证预算和进度。

　　本项目主要学习 Maya 的发展历程及应用领域，Maya 2015 中文版的界面元素、视图操作方法等基础知识，为以后的学习奠定基础。

◎ **学习目标**

- 了解 Maya 的发展历程和应用领域。
- 掌握 Maya 的界面元素和视图操作方法。
- 掌握 Maya 基本变化工具的使用方法。

◎ **思政目标**

- 树立正确的学习观、价值观，自觉践行行业道德规范。
- 牢固树立质量第一、信誉第一的强烈意识。
- 遵规守纪，团结协作，爱护设备，钻研技术。
- 感受动画之美，弘扬一丝不苟、精益求精的工匠精神。

 初识 Maya 2015

◎ 任务目的

了解 Maya 的发展历程，熟悉 Maya 的应用领域及 Maya 2015 的新增功能，对 Maya 有基本的认识。

本任务不设计具体的实施任务。

 相关知识

1. Maya 的发展历程

1983 年，在数字图形界享有盛誉的史蒂芬·宾德汉姆、奈杰尔·麦格拉思、苏珊·麦肯娜和大卫·斯普林格在加拿大多伦多创办了一家公司，用于研发影视后期特技软件。由于该公司第一个商业化的程序是有关 Anti_alias 的，因此公司及其开发的软件均以 Alias 命名。

1998 年，Alias 公司经过长时间研发的第一代 3D 特技软件 Maya 面世，它在角色动画和特技效果方面在当时都处于业界领先地位。

2005 年 10 月，Alias 公司被 Autodesk 公司并购，并于 2006 年 8 月发布 Maya 8.0 版本。

2010 年 3 月，Autodesk 公司发布了 Maya 2011，Maya 以全新的姿态走进人们的视野。

2011 年，Autodesk 公司在 Maya 2011 的基础上进行改进，发布了 Maya 2012。

2012 年 7 月，Autodesk 公司再次发布了 Maya 2013，对 Maya 软件功能进行了一定的优化和更新。

2013 年和 2014 年，Autodesk 公司相继发布了 Maya 2014 和 Maya 2015，随着版本的提升，软件功能也在不断地完善，Maya 变得越来越强大。

2. Maya 的应用领域

很多 3D 设计人员之所以应用 Maya 软件，是因为其可以提供完美的 3D 建模、动画、特效和高效的渲染功能。另外，Maya 也被广泛地应用在平面设计（二维设计）领域。Maya 软件的强大功能是其受到设计师、广告主、影视制片人、游戏开发者、视觉艺术设计专家、网站开发人员推崇的原因。Maya 的主要应用领域如下：

（1）平面设计辅助、印刷出版

3D 图像设计技术已经进入了人们的生活。广告主、房地产项目开发商等都开始利用 3D 技术来表现他们的产品，而使用 Maya 无疑是一个较好的选择。设计人员打印自己的二维设计作品前，要解决如何使自己的作品从众多竞争对手的设计作品中脱颖而出的问题。此时，若将 Maya 的特效技术应用于设计中的元素，则会大大增进平面设计产品的视觉效果。同时 Maya 的强大功能可以更好地开阔平面设计师的应用视野，让很多以前不可能实现的效果不受限制地表现出来。

（2）电影特技

Maya 更多地应用于电影特效方面，其在电影领域的应用越来越趋于成熟。利用 Maya 的电影有《X 战警》《魔比斯环》等。特效场景如图 1-1-1 所示。

图 1-1-1　特效场景

3. Maya 2015 的新增功能

Maya 2015 的亮点是将 Naiad（一款强大的海洋、流体特效软件）内置于 Maya 中，并更名为 Bifrost。此外，Maya 2015 加入了一些新工具与新功能，可以使用户更轻松地创建高质量、高复杂度的模型。Maya 2015 的新增功能主要介绍如下：

（1）操纵器平面控制柄

在 Maya 2015 中，"移动工具"（Move Tool）操纵器和"缩放工具"（Scale Tool）操纵器具有平面控制柄（图 1-1-2），可用于沿多个轴变换对象。

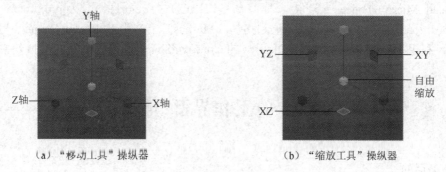

图 1-1-2　操纵器平面控制柄

（2）全新的拓扑工具组

dRaster 的 NEX 建模技术被整合到 Maya 2015 新增的功能中，提高了 Maya 拓扑工作流程的效率。Maya 2015 原来的四边形绘制工具（Quad Draw Tool）中加入了 Relax 和 Tweak 功能，能够利用"软选择"（Soft Selection）工具来进行微调。Maya 2015 中加入了新的交互式边缘扩展工具（Edge Extend Tool）。人们能够利用这些工具来优化模型，让它们更加美观。

（3）Bifrost 和 XGen Arbitrary Primitive 产生器

Bifrost 是可以进行液体模拟（如水和其他效果）的程序引擎。用户可以使用 Bifrost 中的加速器和碰撞对象指导流向，并创建飞溅和水滴效果；使用临时缓存以低分辨率快速预览所创建的模拟效果，再以高分辨率创建用户缓存。

在 Maya 2015 中，用户可以使用 XGen Arbitrary Primitive（以下简称 XGen）产生技术。XGen 能使多边形网格（Polygon Meshes）的表面产生曲线、球体或自定义几何体，如使角色长出毛发、羽毛等，以及大型场景中长出草地、植被、岩石等，而且 XGen 拥有完整的参数修改选项。XGen 能让用户在处理大量复制的对象数据时，不会因将该数据加载到内存中而使系统变慢；这些复制对象的呈现效果可在 Maya Viewport 2.0 中使用硬件加速来预览。另外，在 XGen 中，可以使用 Guide 对象来设置其他生长对象如何分布与生长。

> **小贴士**
> XGen 是一个在启动 Maya 时自动加载的插件，如果 XGen 插件未显示在菜单栏中，则可加载 xgenToolkit.mll 插件（提供了 XGen 功能）和 xgenMR.py 插件（启用 XGen 基本体的 Mental Ray 渲染）。

（4）更好更快的布尔运算

Maya 2015 的多边形布尔运算使用了全新的布尔运算法，以及更快、更可靠的演算方式。Maya 2015 中新的布尔选项可以为开放网格上的运算选择"交集类别"（Intersection Classification）方法，以便更好地控制结果。新的演算方式已经在不同的模型上测试过，用户可以放心使用。另外，用户利用新的演算方式可以快速控制、修改布尔运算后的值。

（5）物理运算引擎的增强

Maya 2015 中物理运算引擎——Bullet Physics 的功能也有增强，用户可以使用 Bullet Physics 创造出大规模、高拟真的动态和运动学上的模拟对象。Bullet Physics 与 AMD（Advanced Micro Devices）连接，拥有新的 HACD（Hierarchical Approximate Convex Decomposition）算法，使其可从多重网格体（Meshes）上产生 Collision Shape。与之前版本相比，利用 Maya 2015 中 Bullet Physics 的 Concave Shape 能得到更好的模拟效果。

 熟悉 Maya 的工作界面

◎ 任务目的

通过实际软件操作，熟悉 Maya 2015 的工作界面。
本任务不设计具体的实施任务，请读者自行练习。

 相关知识

Maya 2015 中文版的工作界面由"工作区"、"标题栏"、"菜单栏"、"状态行"、"工具

架"、"工具箱"、"快速布局按钮"、"通道盒"、"层编辑器"、"动画控制区"、"命令行"和"帮助行"等组成，如图 1-2-1 所示。

图 1-2-1　Maya 2015 中文版的工作界面

1. 工作区

工作区是用户执行 Maya 内大部分工作的地方，是显示对象和大多数编辑器面板的中心窗口，如图 1-2-2 所示。

图 1-2-2　Maya 2015 中文版的工作区

第一次启动 Maya 时，默认情况下工作区显示在透视窗口或面板中。栅格显示为两条粗实线在 Maya 场景中心处相交。该中心位置称为原点，它是 Maya 3D 世界的中心，包含从此位置测量的所有对象的方向值，如图 1-2-3 所示。

Y
X、Y和Z轴原点
Z
X

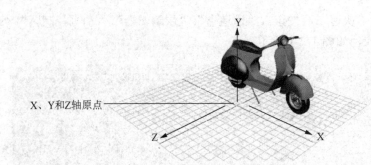

图 1-2-3　Maya 2015 中文版中的原点

与许多其他的 3D 应用程序一样，Maya 2015 中文版的 3D 空间标记为 X、Y 和 Z 轴。原点位于 X、Y、Z 轴坐标为(0,0,0)的位置。栅格位于 X、Z 轴组成的平面上。

Maya 使用颜色方案标记 X、Y 和 Z 轴：X 轴为红色，Y 轴为绿色，Z 轴为蓝色。轴方向指示器用于显示用户在哪个方向查看 Maya 场景，其他采用红色、绿色和蓝色颜色方案标记坐标轴颜色。轴方向指示器显示在视图面板的左下角，如图 1-2-4 所示。

移动
旋转
缩放
颜色编码的
变换操纵器
绿
蓝
红

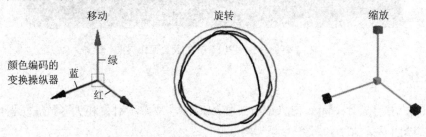

图 1-2-4　Maya 2015 中文版中的轴方向指示器

2. 标题栏

标题栏用于显示文件的相关信息，如当前使用的软件版本、文件保存的目录和文件名称及当前选择对象的名称等，如图 1-2-5 所示。

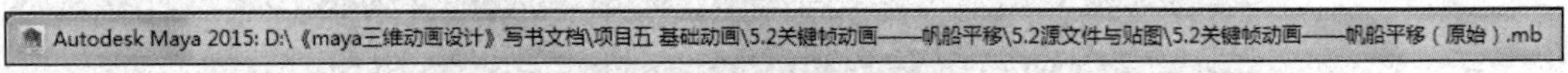

Autodesk Maya 2015: D:\《maya三维动画设计》写书文档\项目五 基础动画\5.2关键帧动画——帆船平移\5.2源文件与贴图\5.2关键帧动画——帆船平移（原始）.mb

图 1-2-5　标题栏

3. 菜单栏

菜单栏包括 Maya 所有的命令和工具，因为 Maya 的命令非常多，无法在同一个菜单栏中显示出来，所以 Maya 采用模块化的显示方法，如图 1-2-6 所示。

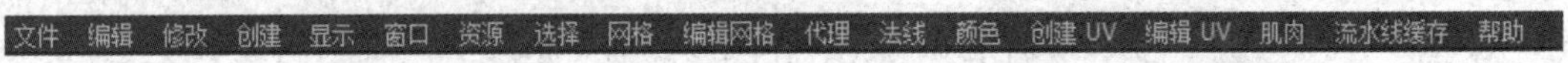

文件 编辑 修改 创建 显示 窗口 资源 选择 网格 编辑网格 代理 法线 颜色 创建 UV 编辑 UV 肌肉 流水线缓存 帮助

图 1-2-6　菜单栏

4. 状态行

状态行中主要是一些常用的视图操作工具，如菜单选择器（模块选择器）、场景管理、选择层级、捕捉开关等。

(1) 菜单选择器

菜单选择器（图 1-2-7）显示在 Maya 标题栏正下方的 Maya 界面顶端，其中显示选择的菜单集。每个菜单集分别对应 Maya 内的一个模块，如"动画"、"多边形"、"曲面"、"动力学"、"渲染"、"nDynamics"（内核动力学）和"自定义"。

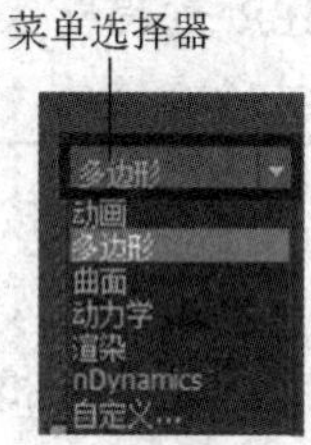

(2) 场景管理

1）创建新场景：对应的菜单命令是"文件"→"新建场景"。

2）打开场景：对应的菜单命令是"文件"→"打开场景"。

3）保存当前场景：对应的菜单命令是"文件"→"保存场景"。

图 1-2-7 菜单选择器

(3) 选择层级

1）按层级和组合选择：可以选择成组的物体。

2）按次组件类型选择：例如，在 Maya 中创建一个多边形球体，这个球是由点、线、面构成的，这些点、线、面就是次物体级别，可以通过这些点、线、面再次对创建的对象进行编辑。

3）按对象类型选择：使选择的对象处于物体级别。在此状态下，后面选择的遮罩将显示物体级别下的遮罩工具。

4）锁定/解除锁定当前选择：单击锁形图标锁定选择，以方便鼠标左键运行操纵器，而非进行选择。再次单击锁形图标解除锁定该选择。

5）亮显当前选择模式：在任何组件模式中选择组件时，对象选择处于禁用状态，这样可以停留在组件选择模式中。例如，选择多个组件（顶点、面等），若要覆盖此设置，以便单击对象的非组件部分时选中整个对象（使用户返回对象模式），则应禁用"亮显当前选择模式"。

(4) 捕捉开关

捕捉到栅格：捕捉顶点（CV 或多边形顶点）或枢轴点到栅格角。如果在创建曲线之前单击"捕捉到栅格"按钮，则将其顶点捕捉到栅格角。

捕捉到曲线：捕捉顶点（CV 或多边形顶点）或枢轴点到曲线或曲面上的曲线。

捕捉到点：捕捉顶点（CV 或多边形顶点）或枢轴点到点。其中可以包括面中心。

捕捉到投影中心：启用后，将对象（关节、定位器）捕捉到选定网格或 NURBS（Non-Uniform Rational B-Sline）曲面的中心。这里需要注意的是，使用"捕捉到投影中心"后将覆盖所有其他捕捉模式。

捕捉到视图平面：捕捉顶点（CV 或多边形顶点）或枢轴点到视图平面。

激活选定对象：选定的曲面转化为激活的曲面。活动曲面的名称显示在激活图标旁边的字段中。

(5) 渲染工具

单击渲染工具中的按钮可打开"渲染视图"（Render View）窗口、执行普通渲染、执行 IPR 渲染和打开"渲染设置"窗口。

> **小贴士**
>
> IPR 是"渲染视图"的一个组件，允许用户快速高效地预览和调整灯光、着色器、

纹理和 2D 运动模糊。IPR 是在用户工作时实现场景可视化的理想方案，因为它可以立即显示用户所做的修改。用户也可以暂停和停止 IPR 渲染，选择多个渲染选项加入 IPR 过程或从中排除这些选项。IPR 的工作方式与常规的软件渲染略有不同，其不支持所有的软件可渲染功能，如不支持光线跟踪或产品级质量抗锯齿。

（6）构建按钮

单击 ▧▨ 按钮可打开弹出菜单，通过这些菜单，可以选择、启用、禁用或列出选定对象的构建输入和输出。

（7）编辑器开关

单击 ▧▨▩▤ 按钮可进行显示或隐藏"建模工具包""属性编辑器/注释""当前工具的设置""通道盒/层编辑器"的操作。

5．工具架

工具架在状态行的下面，如图 1-2-8 所示。

图 1-2-8　工具架

Maya 的工具架非常有用，它集合了 Maya 各个模块下常用的命令，并以图标的形式分类显示。这样，每个图标就相当于相应命令的快捷链接，只需要单击该图标，就等效于执行相应的命令。

工具架分上、下两部分，上面一层为选项卡栏。选项卡栏下方放置图标的一栏称为工具栏。选项卡栏上的每一个选项卡实际对应 Maya 的一个功能模块，如"曲面"选项卡下的图标集合对应的就是曲面建模的相关命令。

6．工具箱/快速布局按钮

Maya 的工具箱在整个界面的最左侧，这里集合了选择、移动、旋转、缩放等常用变换工具，如图 1-2-9 所示。

快速布局按钮显示在工具箱下面，利用这些按钮可以在面板布局之间进行切换，如图 1-2-10 所示。

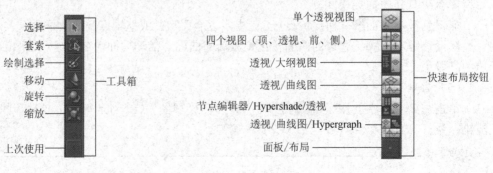

图 1-2-9　工具箱　　　　　　　　　图 1-2-10　快速布局按钮

7. 通道盒/层编辑器

单击 按钮可以显示/隐藏"通道盒/层编辑器"面板。其中,"通道盒"是用于编辑对象属性的主要工具。使用该工具,用户可以对属性快速设置关键帧及锁定、解除锁定或创建表达式。"通道盒/层编辑器"面板如图 1-2-11 所示。

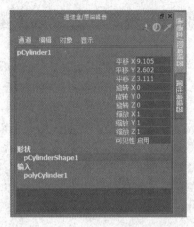

图 1-2-11 "通道盒/层编辑器"面板

> **小贴士**
>
> "通道盒/层编辑器"面板中显示的信息根据选定对象或组件的类型而变化。如果未选定对象,则"通道盒/层编辑器"面板为空。

8. 动画控制区

动画控制区如图 1-2-12 所示。其中,"时间"滑块显示已为选择对象设定的播放范围和关键帧(以红色线显示)。使用"时间"滑块右侧的文本框可以设定动画的当前帧(时间)。"范围"滑块用于控制"时间"滑块中反映的播放范围。动画开始时间文本框用于设置动画的开始时间。动画结束时间文本框用于设置动画的结束时间。播放开始时间文本用于显示播放范围的当前开始时间,如果其值大于播放结束时间,则播放结束时间将被调整为大于播放开始时间的时间单位。播放结束时间文本框用于显示播放范围的当前结束时间,如果其值小于播放开始时间的值,则播放开始时间将被调整为小于播放结束时间的时间单位。播放控制器控制动画播放。当动画正在播放时,"停止"按钮才会出现。

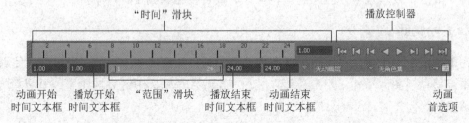

图 1-2-12 动画控制区

9. 命令行

命令行用于输入 Maya 的 MEL 命令或脚本命令，如图 1-2-13 所示。Maya 的每一步操作都有对应的 MEL 命令，所以 Maya 的操作也可以通过命令行来实现。

图 1-2-13 命令行

10. 帮助行

帮助行在命令行的下方，用于向用户提供帮助。用户可以通过帮助行得到一些简单的帮助信息，给学习带来了很大方便。当鼠标指针放在相应的命令或按钮上时，在帮助行会显示相关的说明；在旋转或移动视图时，在帮助行会显示相关的坐标信息，给用户直观的数据信息，这样可以大大提高操作的精度。

 学习视图基本操作

◎ 任务目的

通过练习，掌握"旋转视图""移动视图""缩放视图""使选定对象最大化显示""使场景中所有对象最大化显示"等基本操作。

本任务不设计具体的实施任务，请读者自行练习。

 相关知识

1. 旋转视图

对视图的旋转操作只针对透视摄影机类型的视图，因为正交视图中的旋转功能是被锁定的。用户可以使用 Alt+鼠标左键对视图进行旋转操作。另外，还可以使用 Shift+Alt+鼠标左键完成水平或垂直单方向上的旋转操作。旋转视图如图 1-3-1 所示。

2. 移动视图

在 Maya 中，移动视图实质上就是移动摄影机，如图 1-3-2 所示。用户可以使用 Alt+鼠标中键移动视图。另外，用户还可以使用 Shift+Alt+鼠标中键完成水平或垂直单方向上的移动操作。

3. 缩放视图

缩放视图可以将场景中的对象进行放大或缩小，实质上就是改变视图摄影机与场景对象的距离，可以将视图的缩放操作理解为对视图摄影机的操作，如图 1-3-3 所示。用户可以使用 Alt+鼠标右键或 Alt+鼠标左键+鼠标中键对视图进行缩放操作。另外，还可以使用 Ctrl+Alt+鼠标左键选出一个区域，并使该区域放大到最大。

图 1-3-1　旋转视图　　　　　图 1-3-2　移动视图　　　　　图 1-3-3　缩放视图

4. 使选定对象最大化显示

在选定某一个对象的前提下，可以使用 F 键使选择对象在当前视图中以最大化显示。最大化显示的视图是根据光标所在的位置来判断的，将光标放在想要放大的区域内，再按 F 键就可以将选择的对象最大化显示在视图中了。另外，用户可以使用 Shift+F 组合键一次性将全部视图进行最大化显示。

5. 使场景中所有对象最大化显示

按 A 键可以将当前场景中的所有对象全部最大化显示在一个视图中。另外，用户可以使用 Shift+A 组合键将场景中的所有对象全部显示在所有视图中。

任务 1.4　编 辑 对 象

◎ 任务目的

通过练习，掌握"移动对象""旋转对象""缩放对象""组合式操纵器"的基本变换操作。

本任务不设计具体的实施任务，请读者自行练习。

相关知识

1. 移动对象

移动对象是指在三维空间坐标中将对象进行移动操作。移动操作的实质就是改变对象在 X、Y、Z 轴的位置。移动对象操纵器如图 1-4-1 所示。

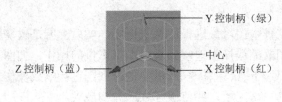

图 1-4-1　移动对象操纵器

2. 旋转对象

旋转对象 同移动对象一样，也有自己的操纵器，如图 1-4-2 所示。利用旋转对象操纵器可以使物体围绕任意轴向进行旋转。拖动红色线圈表示将物体围绕 X 轴进行旋转，拖动中间空白处可以使物体在任意方向上进行旋转。另外，也可以通过鼠标中键在视图中的任意位置拖动鼠标进行旋转。

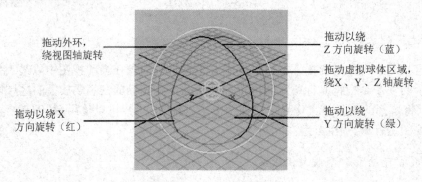

图 1-4-2　旋转对象操纵器

3. 缩放对象

在 Maya 中可以将对象进行自由缩放操作。缩放对象 有自己的操纵器，如图 1-4-3 所示。

4. 组合式操纵器

在 Maya 中，组合式操纵器将移动、旋转和缩放操纵器的控制柄组合为一个整体，如图 1-4-4 所示。"移动/旋转/缩放工具"和"成比例修改工具"都使用该操纵器。

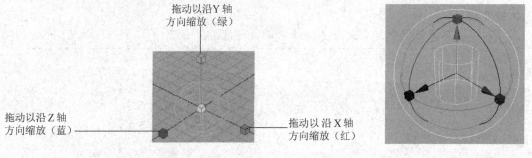

图 1-4-3　缩放对象操纵器　　　　　　　图 1-4-4　组合式操纵器

当某个移动或缩放控制柄处于活动状态时，Maya 会隐藏轴旋转环。此时，单击外环旋转环可以显示所有的旋转控制柄。

有些工具中会有从操纵器中心伸出的另一个控制柄，单击该控制柄可使操纵器轴在世界空间和局部空间之间进行切换。

> **小贴士**
>
> "移动对象""旋转对象""缩放对象""组合式操纵器"这些变换操作命令都可以在主界面最左侧的工具箱中找到。

 设置坐标系统

◎ 任务目的

通过对三维坐标、世界空间、对象空间和局部空间的学习，结合软件操作，掌握坐标系统的设置方法。

本任务不设计具体的实施任务，请读者自行练习。

 相关知识

1. 三维坐标

在 Maya 的三维坐标中，最基本的可视图元为点。点没有大小，但是有位置。为确定点的位置，首先应在空间中建立任意一点作为原点。随后便可将某个点的位置表示为原点右侧（或左侧）若干单位、原点上方（或下方）若干单位，以及前面（或后面）若干单位。

图 1-5-1 中的 7、3、4 这 3 个数字提供了空间中点的三维坐标。例如，对于位于原点右侧 7 个单位（X）、原点前面 4 个单位（Z）和原点上方 3 个单位（Y）的点，其 X、Y、Z 坐标为(7,3,4)。

若要指定与原点相反方向的点，应使用负数。例如，位于(-5,-2,-1)的点在原点左侧 5 个单位、原点下方 2 个单位及原点后面 1 个单位。

2. 世界空间、对象空间和局部空间

3D 位置和变换存在于名为空间的坐标系中。

世界空间是整个场景的坐标系，它的原点位于场景的中心；而视图窗口中的栅格显示了世界空间轴。

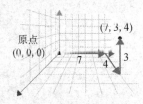

图 1-5-1　三维坐标

对象空间是来自对象视点的坐标系。对象空间的原点位于对象的枢轴点处，而且其轴随对象旋转，如图 1-5-2 所示。

局部空间类似于对象空间，但是它使用对象层中对象父节点的原点和轴，如图 1-5-3 所示。当对象是变换组的一部分，而对象本身并未变换时，该空间非常有用。

图 1-5-2　对象空间

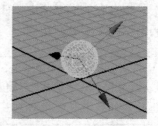
图 1-5-3　局部空间

任务 1.6　处理 Maya 常见问题

◎ 任务目的

在 Maya 软件使用过程中，用户时常会遇到一些问题。本任务介绍 Maya 日常使用中常见问题的处理方法。

本任务不设计具体的实施任务。

1. 恢复 Maya 初始界面

在 Maya 操作过程中，有时操作界面布局会变乱。这种情况下该如何恢复初始界面呢？

执行"显示"→"UI 元素"→"还原 UI 元素"命令，就可以恢复初始界面，如图 1-6-1 所示。

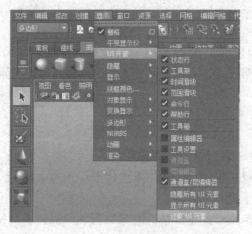
图 1-6-1　恢复初始界面

2. 运用"布尔运算"时出错

运用"布尔运算"实现如图 1-6-2 所示的效果时模型会出现运算错误，该如何解决？

图 1-6-2　"布尔运算"结果

准备进行"布尔运算"的两个物体绝对不能在开放边界处交叉，否则将出现运算错误。图 1-6-3 所示的两种情况都是错误的模型交叉样式。

如果一定要实现如图 1-6-2 所示的效果，可以选择先将面片挤出一定的厚度，或挤出边界使边界超出接触范围，然后进行"布尔运算"，"布尔运算"完成后删除多余的面，如图 1-6-4 所示。

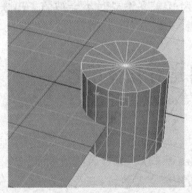 

图 1-6-3　错误的模型交叉样式

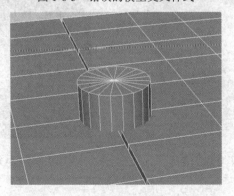

图 1-6-4　正确的模型交叉样式

3. 软件突然崩溃

在 Maya 操作过程中，软件突然崩溃，而用户事先没有保存文件。这种情况下如何找回之前的文件呢？

遇到上述情况时，可以打开路径 C:\Users\Administrator\AppData\Local\Temp，找到与软件崩溃时间相同的文件夹。

> **小贴士**
>
> 以上路径中的"Administrator"并不是固定的，它指的是用户所操作计算机的用户名。

4. 角色不能返回原始姿势

在制作角色动画时，经常遇到角色动画身体无法回到原始姿势，将控制器参数变成零，或单击"恢复绑定姿势"按钮都无法解决，如何解决这个问题呢？

在 Maya 中进行角色设定时，通常会使用表达式作为属性连接的方式，但是在操作过程中往往会出现不能实时根据操作刷新的问题。解决方法有以下两种：①使用节点（Node）的方式进行属性连接，避免在角色设定中使用表达式；②在制作动画时在时间线的-1帧设置一个默认姿势，如果角色在调整时出现无法返回默认姿势的情况，直接回到-1帧将这个姿势复制过来即可。之所以使用-1帧，是因为-1帧在渲染时不会被渲染出来。

任务1.7 项目实训——创建石膏体组合

◎ 任务目的

以图 1-7-1 所示素描图为参照，制作完成图 1-7-2 所示的模型效果。通过本项目实训，应熟悉并掌握 Maya 界面元素、视图操作方法等基础知识。

图 1-7-1　石膏体组合模型参考

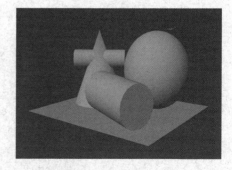

图 1-7-2　石膏体组合模型效果

任务实施

技能点拨：①打开软件；②创建基础模型圆锥体、圆柱体和球体，并修改相关参数；③使用"移动工具"和"旋转工具"对模型角度和位移进行调整；④新建桌面，渲染测试结果。

实施步骤

第 1 步　创建基础模型

01 打开 Maya 2015 中文版，执行"文件"→"查看图像"命令，导入素描参考图，如图 1-7-3 所示。

图 1-7-3　导入素描参考图

02 在菜单选择器中选择"多边形"选项，使用"多边形圆锥体"工具在视图中创建一个圆锥体，并修改其半径为 5，高度为 12，操作步骤如图 1-7-4 和图 1-7-5 所示。

03 创建圆柱体，并修改其半径为 3，高度为 12，操作步骤如图 1-7-6 所示。

04 在视图中继续创建一个圆柱体和一个球体，圆柱体半径设置为 1.5，高度为 10，球体半径设置为 6，效果如图 1-7-7 所示。

图 1-7-4　创建圆锥体

图 1-7-5　调节圆锥体参数

图 1-7-6　调节圆柱体参数

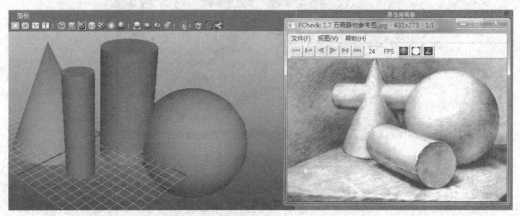

图 1-7-7　模型初始效果

第 2 步　调整模型角度和位移

首先观察图 1-7-7，发现已创建的几个模型没有处于栅格上方。接下来通过对"变换属性"中相关数值的调整来更改模型的位置。

01 选择球体，在"属性编辑器"面板下的"pSpher1"选项组中调整"平移"文本框中的 Y 轴数值为 6，按 Enter 键确认。此时，球体底部已上升至与栅格平齐，如图 1-7-8 和图 1-7-9 所示。

02 用同样的方法调整圆锥体的"变换属性"参数，如图 1-7-10 所示。

03 选择较大的圆柱体，在"属性编辑器"面板下的"pCylinder2"选项组中调整"旋转"文本框中的 X 轴参数为 90。此时，发现被选择的圆柱体发生了 90°旋转。用同样的方法调整另一个圆柱体的角度，效果如图 1-7-11 所示。

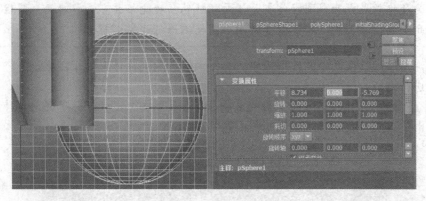

图 1-7-8　模型初始位置

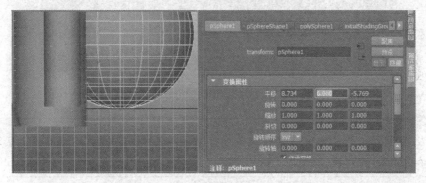

图 1-7-9　球体调整后的位置

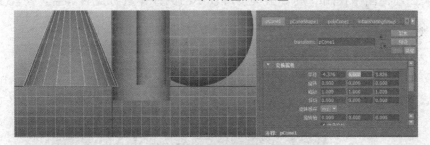

图 1-7-10　圆锥体调整后的位置

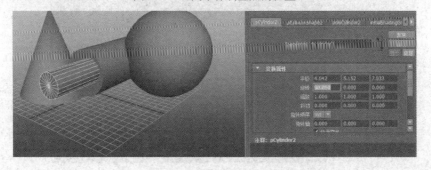

图 1-7-11　对圆柱体模型进行旋转调整

> **小贴士**
>
> 因为最终效果中两个圆柱体都是横向摆放的，故此时并不需要对两个圆柱体进行垂直方向上的位移调整，而是需要对两个圆柱体进行旋转调节。

此时，再次观察视图中的模型效果，会发现较大的圆柱体未处于栅格上方，下面需要对其位置进行调节。

04 选择较大的圆柱体，在"属性编辑器"面板下的"pCylinder1"选项组中调整"平移"文本框中 Y 轴参数为 3，效果如图 1-7-12 所示。

图 1-7-12　对圆柱体模型进行平移调整

> **小贴士**
>
> 在上面步骤 4 的操作中需要对视图进行切换，具体方法是按 Space 键，实现单视图和四视图之间的切换。

05 在顶视图中使用"旋转工具"对较小的圆柱体进行旋转调整，步骤及效果如图 1-7-13 和图 1-7-14 所示。

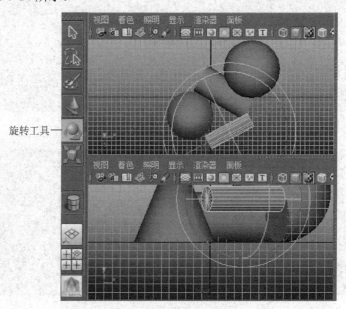

旋转工具

图 1-7-13　对较小的圆柱体进行旋转调整

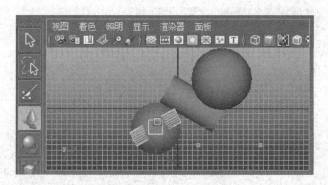

图 1-7-14　调整后的效果

06 用同样的方法对较大的圆柱体进行位置和角度调整，效果如图 1-7-15 所示。

此时，对比观察图 1-7-15 中的模型效果和参考图，发现圆锥圆柱组合体的位置不准确，需要对其位置进行调整。

07 在顶视图中按住鼠标左键，拖动鼠标框选圆锥圆柱组合体，使用"移动工具"对该组合体进行位置调整，如图 1-7-16 和图 1-7-17 所示。

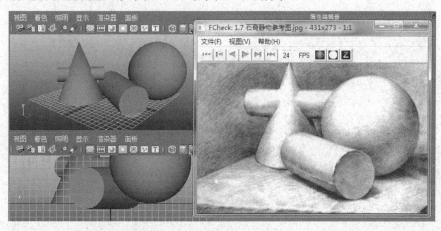

图 1-7-15　对较大的圆柱体进行调整后的效果

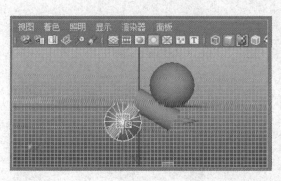

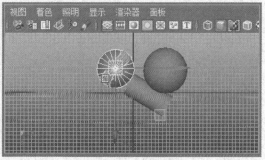

图 1-7-16　组合体调整前　　　　　　　　　图 1-7-17　组合体调整后

08 创建一个多边形平面作为桌面，测试渲染，如图 1-7-18 所示。至此完成石膏体组合的创建。

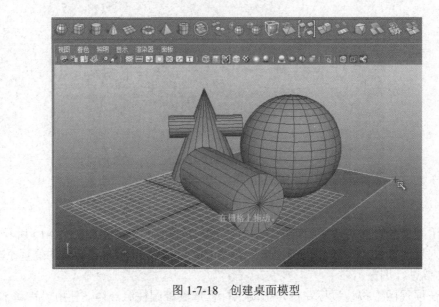

图 1-7-18　创建桌面模型

项目 2 NURBS 建模

◎ 项目导读

NURBS 是对曲线的一种数学描述。NURBS 建模使用数学函数定义曲线和曲面，其最大的优势是表面精度的可调性，即在不改变外形的前提下可自由控制曲面的精细程度，特别适合用于制作工业造型和高精度生物模型。

本项目将对 NURBS 建模的相关知识做系统介绍。

◎ 学习目标

- 掌握使用"CV 曲线工具"绘制曲线的方法。
- 掌握 NURBS 基本模型物体的创建方法。
- 掌握 NURBS 建模基础命令的使用方法。

◎ 思政目标

- 树立正确的学习观、价值观，自觉践行行业道德规范。
- 牢固树立质量第一、信誉第一的强烈意识。
- 遵规守纪，团结协作，爱护设备，钻研技术。
- 感受动画之美，发扬一丝不苟、精益求精的工匠精神。

 "倒角"命令的应用——制作"信息学校"模型

◎ 任务目的

制作如图 2-1-1 所示的"信息学校"模型。通过本任务的学习,读者应熟悉并掌握倒角文字的设置方法与技巧。

图 2-1-1　信息学校模型效果

 任务实施

技能点拨：①通过"文本曲线选项"窗口设置文本的内容、类型和字体等,并创建文本；②通过"通道盒"中的"bevelPlus"（倒角插件）选项和"样式"下拉列表框调整文本的样式,完成模型的制作。

视频：倒角文字

实施步骤

第 1 步　创建文本

打开 Maya 2015 中文版,单击"创建"→"文本"命令后面的按钮,如图 2-1-2 所示,打开"文本曲线选项"窗口。在"文本"文本框中输入"信息学校",设置"类型"为倒角,设置字体样式和大小后,单击"创建"按钮,在视图中创建文本,具体参数设置如图 2-1-3 所示。创建的文本效果如图 2-1-4 所示。

单击此按钮

图 2-1-2　文本工具

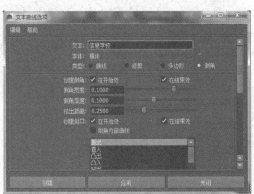

图 2-1-3　文本曲线参数设置

项目 2　NURBS 建模

图 2-1-4　创建的文本效果

第 2 步　设置倒角参数

01　在"通道盒"中展开"bevelPlus1"选项组，对其参数进行调整，如图 2-1-5 所示，倒角效果如图 2-1-6 所示。

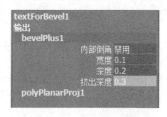 

图 2-1-5　倒角参数调整　　　　　　　图 2-1-6　倒角效果

02　在"通道盒"中单击"样式"下拉列表框，在弹出的下拉列表中设置风格类型为"直角点"，如图 2-1-7 所示，设置样式后效果如图 2-1-1 所示。至此完成"信息学校"模型的制作。

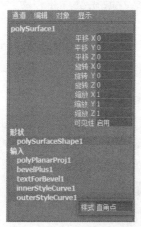

图 2-1-7　风格类型设置

 "圆化工具"命令的应用——制作哑铃模型

◎ 任务目的

以图 2-2-1 为参照，通过基本的物体元素制作如图 2-2-2 所示的哑铃模型。通过本任务的学习，读者应熟悉并掌握"圆化工具"命令的使用方法与技巧。

25

图 2-2-1　哑铃实物参照　　　　　　　　图 2-2-2　哑铃模型效果

相关知识

利用"圆化工具"命令可以将两个或两个以上的曲面在共享角与共享边处进行圆角处理。

任务实施

技能点拨：①使用非交互的创建方式创建 NURBS 圆柱体模型；②创建一个圆柱体作为哑铃的手柄；③使用"缩放工具"通过调整圆柱体的顶点编辑哑铃手柄的形态；④使用"圆化工具"命令使球体与手柄结合起来，复制除手柄外的模型，并移动其位置，完成模型的制作，同时对场景进行优化。

视频：制作哑铃模型

实施步骤

第 1 步　创建圆柱体

01　打开 Maya 2015 中文版，执行"创建"→"NURBS 基本体"→"交互式创建"命令，关闭交互式创建方式，如图 2-2-3 所示。执行"创建"→"NURBS 基本体"→"圆柱体"命令，在场景中创建一个 NURBS 圆柱体，如图 2-2-4 所示。

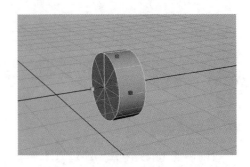

图 2-2-3　关闭交互式创建方式　　　　　图 2-2-4　创建 NURBS 圆柱体（一）

02 选择创建的 NURBS 圆柱体，在视图右侧的"通道盒"中设置"平移 Y"为-2，"旋转 Z"为 90，如图 2-2-5 所示。

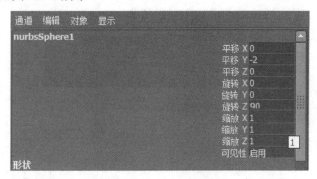

图 2-2-5 参数设置

第 2 步 制作手柄

01 执行"创建"→"NURBS 基本体"→"圆柱体"命令，在场景中创建一个圆柱体模型，如图 2-2-6 所示。

02 在"通道盒"中设置该圆柱体的"旋转 Z"为 90，"缩放 X"为 0.346，"缩放 Y"为 1.16，"缩放 Z"为 0.346，效果如图 2-2-7 所示。

03 在"通道盒"中将圆柱体的"跨度数"设置为 4，如图 2-2-8 所示。

图 2-2-6 创建 NURBS 圆柱体（二）

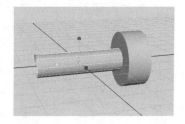

图 2-2-7 圆柱体调整后效果

图 2-2-8 "跨度数"调整

04 选择 NURBS 圆柱体并右击，在弹出的快捷菜单中选择"控制顶点"命令，进入物体的"控制顶点"编辑模式，如图 2-2-9 所示。

05 按 Space 键进入前视图，选择如图 2-2-9 所示的框中的控制点，按 R 键激活"缩放工具"；接着按住 Ctrl 键的同时使用鼠标左键向右拖动 Y 轴的手柄，即可在 X 轴和 Z 轴对所选择的控制点进行缩放。

06 单击"栅格"按钮,关闭视图中的栅格线,单击"对所有项目进行平滑着色处理"按钮,此时可以看到哑铃的基本模型已经制作出来了,但是哑铃的圆柱体边缘过渡位置显得比较生硬,如图 2-2-10 所示。

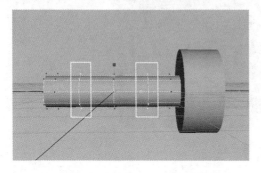
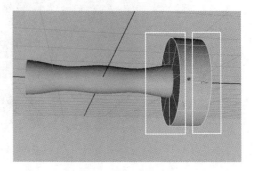

图 2-2-9 "控制顶点"编辑模式　　　　图 2-2-10 基本哑铃模型

第 3 步　圆化边缘

01 选择圆柱体进入"等差线"级别,选择边缘的两条线,如图 2-2-11 所示。执行"编辑 NURBS"→"圆化工具"命令,如图 2-2-12 所示。在"通道盒"中将"半径"设置为 0.15,如图 2-2-13 所示。

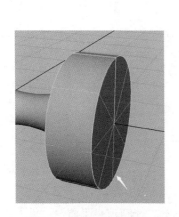

图 2-2-11 选择边缘的线　　　图 2-2-12 选择"圆化工具"命令　　图 2-2-13 将"半径"设置为 0.15

02 重复步骤 1 的操作,将另一边圆化,如图 2-2-14 所示。选择除手柄外的模型,按 Ctrl+G 组合键使所选内容成组,再按 Ctrl+D 组合键复制除手柄外的模型,将它移动到另一边，使两边对称，如图 2-2-15 所示。至此完成哑铃模型的制作，最终效果如图 2-2-2 所示。

图 2-2-14　圆化效果

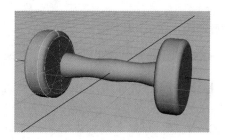

图 2-2-15　复制完后效果

"自由形式圆角"命令的应用——制作电池模型

◎ 任务目的

以图 2-3-1 为参照，制作如图 2-3-2 所示的电池模型。通过本任务的学习，读者应熟悉并掌握"自由形式圆角"命令的使用方法与技巧。

图 2-3-1　电池实物参照

图 2-3-2　电池模型效果

相关知识

利用"自由形式圆角"命令可以将两个曲面进行连接，并在连接处产生自由倒角。

任务实施

技能点拨：①在场景中创建一个没有顶部的 NURBS 圆柱体，并沿 Y 轴进行缩放；②在电池主体模型顶部创建两个圆柱体，并通过"自由形式圆角"命令和"圆化工具"命令等制作电池的正极模型；

视频：制作电池模型

③在电池主体底部创建一个圆柱体,并通过"圆化工具"命令将其与电池主体模型底部的相交曲面进行圆化操作;④对模型整体进行调整,完成模型的制作。

实施步骤

第 1 步　制作电池主体

01 打开 Maya 2015 中文版,单击"创建"→"NURBS 基本体"→"圆柱体"命令后面的按钮,如图 2-3-3 所示,在打开的"NURBS 圆柱体选项"窗口(图 2-3-4)中设置"封口"为底,单击"创建"按钮,即可在场景中创建一个圆柱体模型。

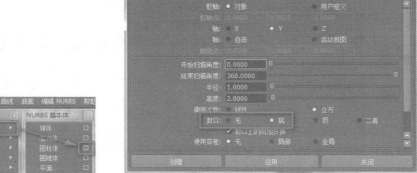

图 2-3-3　单击"圆柱体"命令后面的按钮　　　图 2-3-4　"NURBS 圆柱体选项"窗口

02 使用"缩放工具"将步骤 1 中创建的圆柱体沿 Y 轴方向缩放 2.5 个单位,制作电池的主体形状,如图 2-3-5 和图 2-3-6 所示。

图 2-3-5　圆柱体参数设置　　　　　　　图 2-3-6　参数修改后圆柱体效果

第 2 步　制作正极

01 打开"NURBS 圆柱体选项"窗口,设置"封口"为无,单击"创建"按钮,在场景中创建一个圆柱体模型。利用"缩放工具"对新创建的圆柱体进行调整,并把它放置在合适的位置,如图 2-3-7 和图 2-3-8 所示。

02 选择步骤 1 创建的圆柱体并右击,在弹出的快捷菜单中选择"等参线"命令,选择圆柱体底部的等参线，如图 2-3-9 所示，进入大圆柱体的"等参线"编辑模式。按住 Shift 键的同时选择圆柱体顶部的等参线，如图 2-3-10 所示。执行"编辑 NURBS"→"曲面圆角"→"自由形式圆角"命令，如图 2-3-11 所示，模型效果如图 2-3-12 所示。

图 2-3-7 新建圆柱体

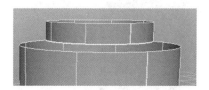

图 2-3-8 新建圆柱体调整后效果

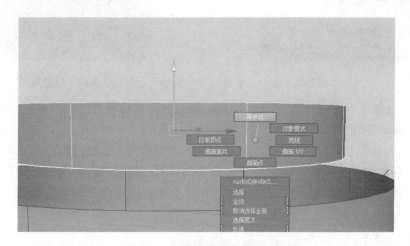

图 2-3-9 选择圆柱体底部的等参线

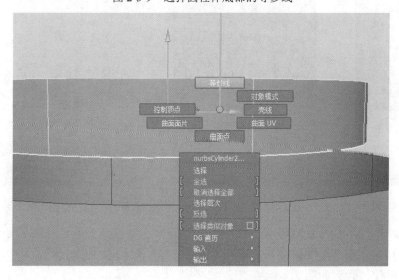

图 2-3-10 选择圆柱体顶部的等参线

图 2-3-11 "自由形式圆角"命令

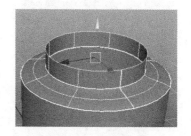

图 2-3-12 模型效果

03 再次创建一个圆柱体（图 2-3-13），创建时注意设置"封口"为顶。使用"缩放工具"和"移动工具"对模型的位置和大小进行调整。

04 进入步骤 3 创建的圆柱体的"等参线"编辑模式，选择该圆柱体底部的等参线；进入中间圆柱体的"等参线"编辑模式，再选择该圆柱体顶部的等参线，如图 2-3-14 所示。执行"编辑 NURBS"→"曲面圆角"→"自由形式圆角"命令，效果如图 2-3-15 所示。

图 2-3-13 创建圆柱体

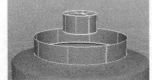

图 2-3-14 选择等参线

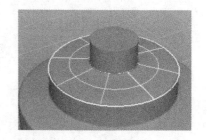

图 2-3-15 自由形式圆角后效果

05 执行"编辑 NURBS"→"圆化工具"命令，选择顶部圆柱体模型的相交曲面，如图 2-3-16 所示。在"通道盒"中设置倒角的"半径"为 0.05，如图 2-3-17 所示，按 Enter 键确认倒角操作，效果如图 2-3-18 所示。

项目 2 NURBS 建模

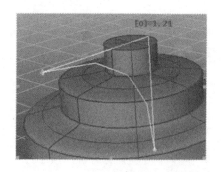

图 2-3-16 圆化顶部圆柱体模型的相交曲面

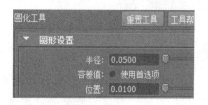

图 2-3-17 设置倒角半径

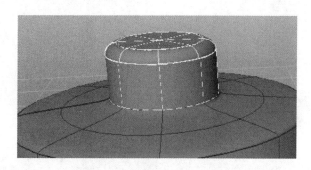

图 2-3-18 圆化并倒角后效果

第 3 步 制作负极

01 电池负极的制作与正极相比要容易一些。首先创建一个圆柱体,创建时注意设置"封口"为底,然后使用"缩放工具"和"移动工具"对圆柱体的大小和位置进行调整,如图 2-3-19 所示。

02 执行"编辑 NURBS"→"圆化工具"命令,选择步骤 1 创建圆柱体底部的相交曲面,在"通道盒"中设置倒角的"半径"为 0.06,并按 Enter 键确认,效果如图 2-3-20 所示。

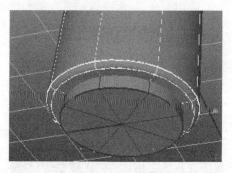

图 2-3-19 调整新建圆柱体的大小和位置

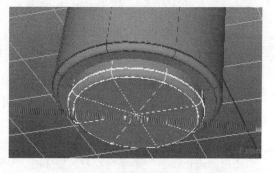

图 2-3-20 圆柱体底部圆化并倒角后效果

03 使用同样的方法对电池主体底部的边缘进行倒角,倒角的"半径"设置为 0.07,并按 Enter 键确认。按 Ctrl+D 组合键复制 3 个电池模型,调整电池模型的位置。至此完成电池的制作。

 **"布尔"命令的应用——制作口红模型**

◎ 任务目的

以图 2-4-1 为参照，制作如图 2-4-2 所示的口红模型。通过本任务的学习，读者应熟悉并掌握"布尔"命令的使用方法与技巧。

图 2-4-1　口红实物参照

图 2-4-2　口红模型效果

相关知识

利用"布尔"命令可以将两个曲面物体或多个曲面物体进行结合、相减或相交，"放样"命令可以将多条曲线连接产生曲面物体，其具体应用详见任务 2.7。

任务实施

技能点拨：①在场景中创建一个圆柱体模型，并调整圆柱体的控制点，使其呈现出方形的结构，制作口红外壳；②创建一个圆柱体和球体模型，调整球体模型的控制点，并进行布尔运算制作口红芯模型；③对口红的外壳模型进行复制，然后删除底面，并再次复制，接着对两个圆柱体底部的等参线进行放样，制作口红的模型；④使用"圆化工具"命令对口红外壳和帽子模型的边缘进行圆化操作，完成模型的制作。

视频：制作口红模型

实施步骤

第 1 步　制作口红外壳

01 打开 Maya 2015 中文版，执行"创建"→"NURBS 基本体"→"圆柱体"命令，在场景中创建一个圆柱体模型，单击"显示/隐藏工具设置"按钮 ，打开其"工具设置"对话框，设置圆柱体参数。创建圆柱体、调整参数如图 2-4-3 所示。

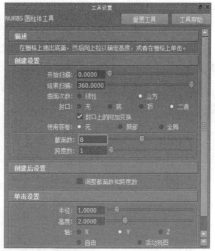
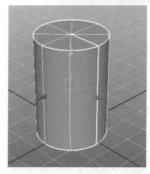

图 2-4-3　创建圆柱体、调整参数

02　切换到顶视图，进入 NURBS 圆柱体的"控制顶点"编辑模式，框选如图 2-4-4 所示的顶点。

03　切换到透视图，按住 Ctrl 键的同时使用"缩放工具"沿 Y 轴向上拖动步骤 2 中框选的顶点，效果如图 2-4-5 所示。

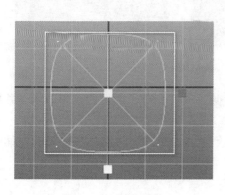
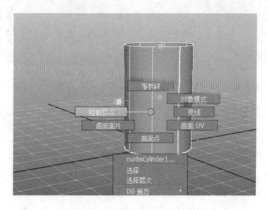

图 2-4-4　框选顶点　　　　　　　　　图 2-4-5　拖动框选顶点效果

04 返回 NURBS 圆柱体的"对象"模式，使用"缩放工具"将圆柱体沿 Y 轴拉长，效果如图 2-4-6 所示。

05 选择圆柱体模型，按 Ctrl+D 组合键将其复制一份，使用"缩放工具"缩小复制生成的圆柱体，使用"移动工具"将缩小后的圆柱体移动至适当位置，如图 2-4-7 所示。

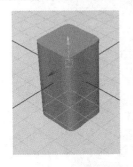 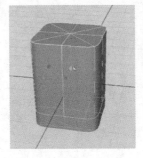  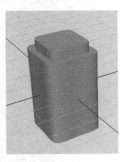

图 2-4-6　拉长圆柱体效果　　　　　　图 2-4-7　圆柱体模型的缩小、移动

第 2 步　制作口红芯

01 执行"创建"→"NURBS 基本体"→"圆柱体"命令，在场景中创建一个圆柱体，使用"移动工具"将其移动至如图 2-4-8 所示的位置。

02 执行"创建"→"NURBS 基本体"→"圆柱体"命令，在场景中创建一个圆柱体，调整其形状、大小，再使用"移动工具"将其移动至如图 2-4-9 所示位置。

03 创建一个 NURBS 球体，使用"移动工具"将其移动至如图 2-4-10 所示的位置。

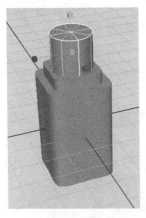 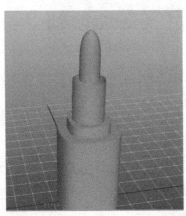 

图 2-4-8　圆柱体移动效果　　图 2-4-9　圆柱体变形、移动效果　　图 2-4-10　创建球体并移动

04 执行"编辑 NURBS"→"布尔"→"差集工具"命令，选择口红和球体，并按 Enter 键确认，如图 2-4-11 所示。

05 选择口红部分，这时可以观察到相交部分被去掉了，同时第二次运算的球体的未相交部分也被去掉了，如图 2-4-12 所示。

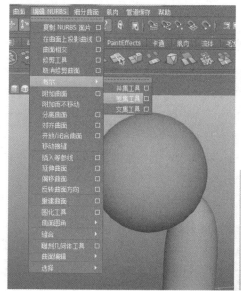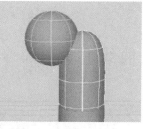

图 2-4-11 进行差集运算　　　　　　　图 2-4-12 使用差集后效果

第 3 步 制作口红帽

01 选择底部的圆柱体，按 Ctrl+D 组合键将其复制一份，使用"旋转工具"将复制生成的对象在 X 轴上旋转 90°，再使用"移动工具"将其拖出来。删除该圆柱体底部的面（图 2-4-13），将剩下的部分复制一份，使用"缩放工具"缩小圆柱体。

02 进入内层圆柱体的"等参线"编辑模式，选择底部的等参线，再进入外层圆柱体的"等参线"编辑模式，按住 Shift 键的同时选择底部的等参线，如图 2-4-14 所示。执行"曲面"→"放样"命令生成曲面，效果如图 2-4-15 所示。

图 2-4-13 删除面　　　　图 2-4-14 选择底部的等参线　　　图 2-4-15 生成曲面效果

第 4 步 综合调整

01 执行"编辑 NURBS"→"圆化工具"命令，选择口红外壳圆柱体的底部相交曲面进行圆化操作，效果如图 2-4-16 所示。

02 使用同样的方法对其他部位进行圆化操作，效果如图 2-4-17 所示。至此完成口红模型的制作。

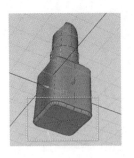 

图 2-4-16　圆化后效果　　　　　　　图 2-4-17　其他部分的圆化效果

任务 2.5　"CV 曲线工具"命令的应用——制作花瓶模型

◎ 任务目的

以图 2-5-1 为参照，制作如图 2-5-2 所示的花瓶模型。通过本任务的学习，读者应熟悉并掌握"CV 曲线工具"命令的使用方法与技巧。

图 2-5-1　花瓶实物参照　　　　　　　图 2-5-2　花瓶模型效果

相关知识

"CV 曲线工具"又称"可控点曲线工具"，其创建出来的曲线形状和平滑度非常容易控制，在不必精确定位的情况下就可以创建曲线，该工具还能根据可控点的创建位置自动添加编辑点。

任务实施

技能点拨：①使用"CV 曲线工具"命令绘制基本曲线；②在前视图中进入曲线的"控制顶点"编辑模式，使用"移动工具"调整

视频：制作花瓶模型

曲线的形态；③使用"旋转"命令旋转曲线生成曲面模型；④使用"移动工具"通过调整曲线的顶点来调整花瓶模型的形态，完成模型的制作；⑤优化场景。

实施步骤

第 1 步　绘制曲线

01　打开 Maya 2015 中文版，按 Space 键进入前视图，执行"创建"→"CV 曲线工具"命令，并在前视图中绘制如图 2-5-3 所示的曲线。

02　选择绘制的曲线并右击，在弹出的快捷菜单中选择"控制顶点"命令，进入曲线的"控制顶点"编辑模式，如图 2-5-4 所示。

03　使用"移动工具"调整曲线控制点的位置，效果如图 2-5-5 所示。

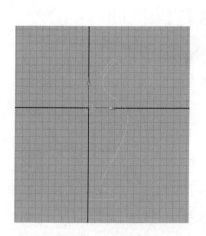　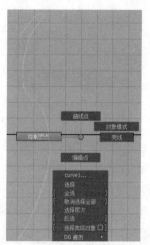　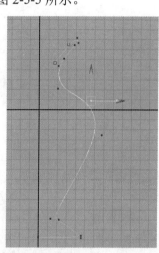

图 2-5-3　绘制曲线　　图 2-5-4　执行"控制顶点"命令　　图 2-5-5　调整控制点的位置效果

第 2 步　旋转曲线

切换到透视图，选择曲线，执行"曲面"→"旋转"命令，此时曲线就会按照自身的 Y 轴生成曲面模型，效果如图 2-5-6 所示。

图 2-5-6　生成曲面模型效果

第 3 步　调整模型

01　在前视图中单击"线框"按钮，选择场景中的曲线。

02　进入曲线的"控制顶点"编辑模式，使用"移动工具"调整曲线的形态，花瓶模型会跟随曲线的形态进行变化，如图 2-5-7 所示。

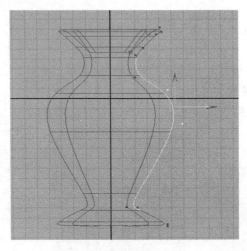

图 2-5-7　调整曲线的形态

03　选择花瓶模型，执行"编辑"→"按类型删除"→"历史"命令，清除曲面模型的历史记录，如图 2-5-8 所示。

04　删除无用的曲线，优化场景。至此完成花瓶模型的制作。

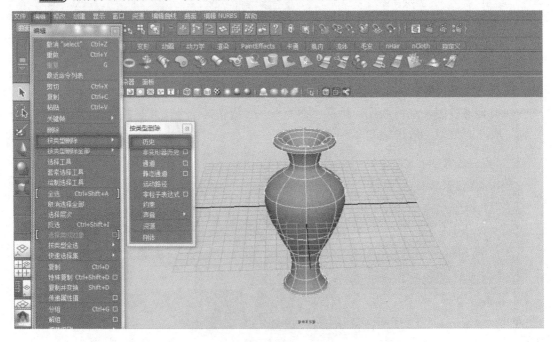

图 2-5-8　删除历史记录

项目 2　NURBS 建模

任务 2.6　"挤出"命令的应用——制作节能灯泡模型

◎ 任务目的

以图 2-6-1 为参照，制作如图 2-6-2 所示的节能灯泡模型。通过本任务的学习，读者应熟悉并掌握"挤出"命令的使用方法与技巧。

图 2-6-1　节能灯泡实物参照

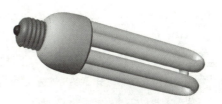

图 2-6-2　节能灯泡模型效果

相关知识

"挤出"命令可以将一条曲线沿着另一条路径曲线移动以产生曲面。

任务实施

视频：制作节能灯泡模型

技能点拨：①在场景中创建一个 NURBS 圆柱体，将其顶部的控制点缩小一些；②再次创建一个 NURBS 圆柱体，对两个 NURBS 圆柱体模型的边缘进行圆化操作；③在场景中创建一个多边形的螺旋体，通过调整参数制作节能灯座的螺纹；④绘制灯管的 U 形曲线，创建一个 NURBS 图形，通过"挤出"命令制作灯管模型；⑤通过复制的方法制作其他灯管，删除模型历史记录、冻结模型的变换，并删除无用的曲线，完成模型的制作。

实施步骤

第 1 步　创建立方体

01 打开 Maya 2015 中文版，执行"创建"→"NURBS 基本体"→"圆柱体"命令，在场景中创建一个圆柱体模型，具体参数设置如图 2-6-3 所示。圆柱体效果如图 2-6-4 所示。

41

02 进入 NURBS 圆柱体的"控制顶点"编辑模式,选择顶部所有的控制点,使用"缩放工具"将其缩小,效果如图 2-6-5 所示。

 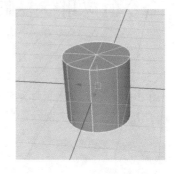 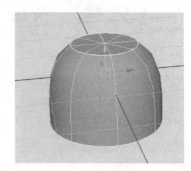

图 2-6-3　圆柱体参数设置(一)　　图 2-6-4　圆柱体效果(一)　　图 2-6-5　缩小顶部控制点效果

03 执行"创建"→"NURBS 基本体"→"圆柱体"命令,在场景中创建一个圆柱体模型,具体参数设置如图 2-6-6 所示。效果如图 2-6-7 所示。

04 执行"编辑 NURBS"→"圆化工具"命令,选择顶部圆柱体模型的相交曲面,调整出现的倒角手柄如图 2-6-8 所示。调整倒角手柄后效果如图 2-6-9 所示。

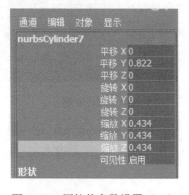 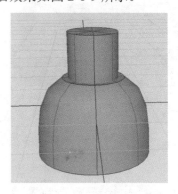

图 2-6-6　圆柱体参数设置(二)　　　　　图 2-6-7　圆柱体效果(二)

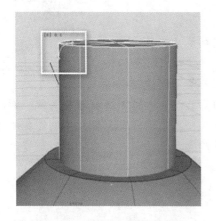 

图 2-6-8　调整出现的倒角手柄　　　　　图 2-6-9　调整倒角手柄后效果

05 使用同样的方法对灯座的上下两端进行倒角操作,最终效果如图 2-6-10 所示。

图 2-6-10　倒角后最终效果

第 2 步　制作螺纹

01　执行"创建"→"多边形基本体"→"螺旋体"命令，在视图中创建一个螺旋体，具体参数设置如图 2-6-11 所示，效果如图 2-6-12 所示。

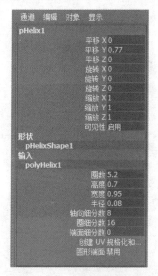

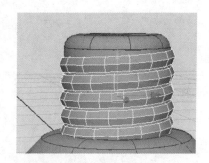

图 2-6-11　调整螺旋体参数　　　　　　图 2-6-12　创建螺旋体效果

02　在螺旋体模型处于选择状态下，按 3 键对模型进行圆滑显示，如图 2-6-13 所示。

图 2-6-13　圆滑显示

第3步 制作灯管

01 执行"创建"→"EP 曲线工具"命令("EP 曲线工具"命令的应用详见任务 2.10），在前视图中绘制一条如图 2-6-14 所示的曲线。

02 执行"创建"→"NURBS 基本体"→"圆形"命令，在场景中创建一个 NURBS 圆形，如图 2-6-15 所示。

03 选择圆形，按住 Shift 键的同时选择曲线，执行"曲面"→"挤出"命令，挤出如图 2-6-16 所示的灯管模型。

04 选择灯管模型，在顶视图中将其复制两份，使用"移动工具"和"旋转工具"将其调整至如图 2-6-17 所示的位置。

05 进入透视图，使用"移动工具"对 3 个灯管模型进行调整，避免灯管和灯座分离，如图 2-6-18 所示。

 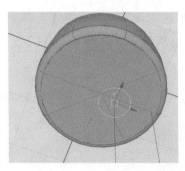 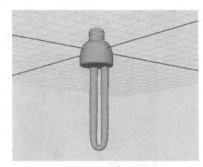

图 2-6-14 创建 EP 曲线　　图 2-6-15 创建 NURBS 图形　　图 2-6-16 挤出灯管模型

 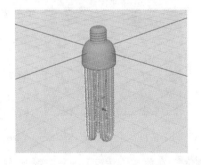

图 2-6-17 复制灯管模型的调整　　图 2-6-18 移动 3 个灯管模型

第4步 调整场景

01 选择物体模型，执行"编辑"→"按类型删除"→"历史"命令，清除所有模型的历史记录，再执行"修改"→"冻结变换"命令，冻结物体"通道盒"中的属性。

02 执行"窗口"→"大纲视图"命令，打开"大纲视图"窗口，如图 2-6-19 所示。选择"curve1"和"nurbsCircle1"对象，并将它们删除。

03 执行"创建"→"NURBS 基本体"→"球体"命令，在场景中创建一个 NURBS 球体作为节能灯的底部，具体参数设置如图 2-6-20 所示。球体效果如图 2-6-21 所示。至此完成灯泡模型的制作。

项目 2　NURBS 建模

图 2-6-19　"大纲视图"窗口

图 2-6-20　球体参数设置

图 2-6-21　球体效果

"放样"命令的应用——制作檐口模型

◎ 任务目的

以图 2-7-1 为参照，制作如图 2-7-2 所示的檐口模型。通过本任务的学习，读者应熟悉并掌握"放样"命令的使用方法与技巧。

45

图 2-7-1　檐口实物参照

图 2-7-2　檐口模型效果

任务实施

技能点拨：①使用"EP 曲线工具"命令（该命令的应用详见任务 2.10）绘制基本曲线；②进入曲线的"控制顶点"编辑模式，使用"移动工具"调整曲线的形态；③使用"放样"命令放样曲线生成曲面；④在场景中创建一个立方体，并调整立方体的位置和大小，搭建场景，完成模型的制作。

视频：制作檐口模型

实施步骤

第 1 步　绘制曲线

01　按 Space 键进入右视图，执行"创建"→"EP 曲线工具"命令，在右视图中绘制一条如图 2-7-3 所示的曲线。

02　进入曲线的"控制顶点"编辑模式，使用"移动工具"调整曲线控制点的位置，将曲线的形态调整为如图 2-7-4 所示的形式。

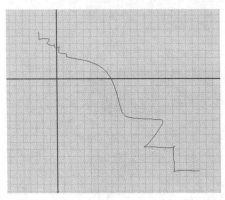
图 2-7-3　创建 EP 曲线

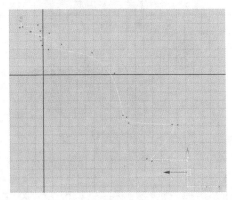
图 2-7-4　调整曲线效果

第 2 步　放样曲线

01　在透视图中使用"移动工具"调整曲线的位置，使用"缩放工具"调整曲线的大小，如图 2-7-5 所示。曲线的具体参数设置如图 2-7-6 所示。

02 选择曲线，按 Ctrl+D 组合键复制一条曲线，使用"移动工具"在 X 轴上沿方向移动 50 个长度单位的距离，如图 2-7-7 所示。

图 2-7-5　利用"缩放工具"调整曲线

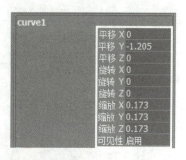

图 2-7-6　曲线的具体参数设置

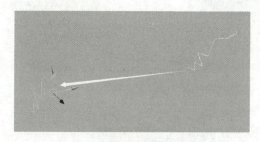

图 2-7-7　复制并移动曲线

03 选择两条曲线，执行"曲面"→"放样"命令生成如图 2-7-8 所示的曲面。

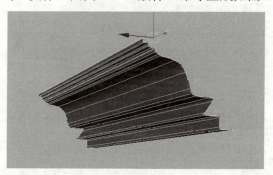

图 2-7-8　曲面放样效果

第 3 步　搭建场景

01 选择第 2 步中创建的曲面，按 Ctrl+D 组合键复制曲面，使用"旋转工具"将其沿 Y 轴旋转 90°，如图 2-7-9 所示。

02 选择复制的曲面，使用"移动工具"将其移动到合适的位置，如图 2-7-10 所示。

03 框选所有的物体模型，执行"修改"→"冻结变换"命令，冻结物体"通道盒"中的属性，如图 2-7-11 所示。

04 确保所有的物体模型处于选择状态后，执行"编辑"→"按类型删除"→"历史"命令，清除所有模型的历史记录。

图 2-7-9 复制并旋转曲面

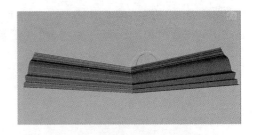
图 2-7-10 移动调整复制曲面

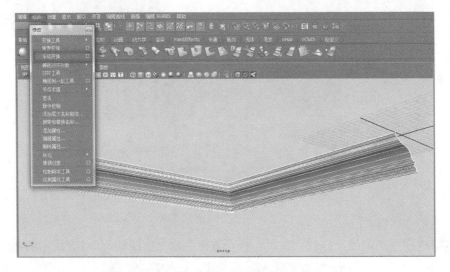
图 2-7-11 冻结变换

05 执行"窗口"→"大纲视图"命令,打开"大纲视图"窗口,删除无用的曲线,如图 2-7-12 所示。

06 执行"创建"→"NURBS 基本体"→"立方体"命令,在场景中创建一个立方体,如图 2-7-13 所示。

图 2-7-12 删除无用的曲线

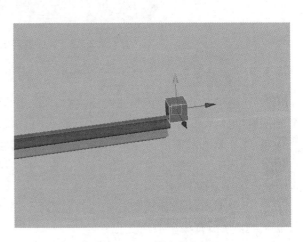
图 2-7-13 创建立方体

项目 2　NURBS 建模

07 使用"移动工具"和"缩放工具"将立方体调整至合适的位置和大小,如图 2-7-14 所示。至此完成檐口模型的制作。

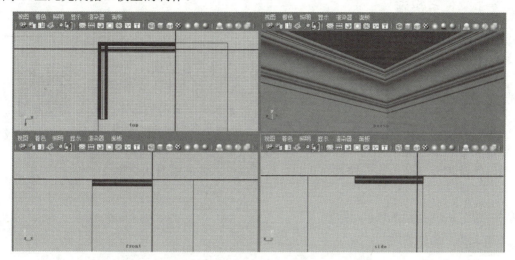

图 2-7-14　调整立方体的位置和大小

 **"附加曲线"命令的应用——制作沙漏模型**

◎ 任务目的

以图 2-8-1 为参照,制作如图 2-8-2 所示的沙漏模型。通过本任务的学习,读者应熟悉并掌握"附加曲线"命令的使用方法与技巧。

图 2-8-1　沙漏实物参照

图 2-8-2　沙漏模型效果

 相关知识

"两点圆弧"命令可以建立一个垂直于正交视图的弓形曲线,它可以显示圆弧的半径值,但不可以建立封闭的圆形曲线,"旋转"命令可以将一条曲线沿着一个轴向旋转以产生曲面。

49

任务实施

技能点拨：①通过"两点圆弧"命令绘制一条圆弧曲线，复制绘制的曲线，并将两条曲线附加为一条曲线；②使用"旋转"命令将曲线旋转生成曲面，并通过调整曲线的控制点来调整曲面的形态；③创建NUBRS圆柱体模型，并将圆柱体的边缘调整得圆滑些，制作沙漏的底盘和顶盖；④制作沙漏的支柱模型；⑤复制沙漏的支柱模型，再使用"移动工具"摆放好复制对象的位置，完成模型的制作。

视频：制作沙漏模型

实施步骤

第1步 制作沙漏

01 打开 Maya 2015 中文版，按 Space 键进入前视图，执行"创建"→"弧工具"→"两点圆弧"命令。在场景中绘制一段两点圆弧，默认情况下生成的圆弧是朝向左侧的，如图 2-8-3 所示。通过拖动手柄将圆弧反转过来，如图 2-8-4 所示。

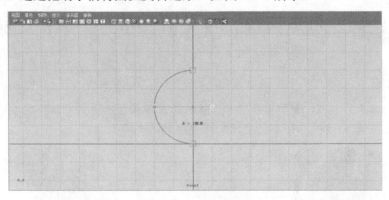

图 2-8-3 创建两点圆弧

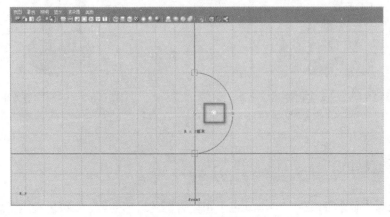

图 2-8-4 反转圆弧

02 选择圆弧曲线，单击"编辑曲线"→"重建曲线"命令后面的按钮，在打开的"重建曲线选项"窗口中设置"跨度数"为5，单击"重建"按钮，如图2-8-5所示。

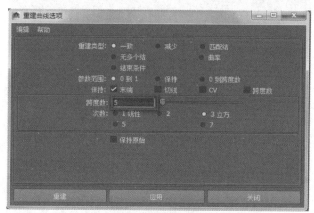

图2-8-5 重建曲线

03 选择曲线，按Ctrl+D组合键复制一条曲线，并使用"移动工具"将复制的曲线向上拖动至和原曲线有一点缝隙的位置处，如图2-8-6所示。

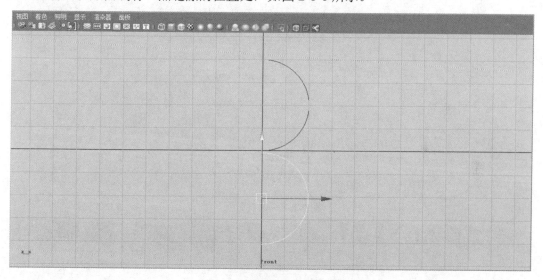

图2-8-6 复制并拖动曲线

04 单击"编辑曲线"→"附加曲线"命令后面的按钮，在打开的"附加曲线选项"窗口中取消勾选"保持原始"复选框，再单击"附加"按钮，如图2-8-7所示。曲线效果如图2-8-8所示。

05 选择曲线，执行"曲面"→"旋转"命令，生成曲面效果如图2-8-9所示。

06 选择曲线，进入曲线的"控制顶点"编辑模式，并使用"移动工具"将曲线上的控制点按照如图2-8-10所示的效果进行调整。

07 选择曲线顶部和底部的控制点，使用"缩放工具"在Y轴上进行缩放，如图2-8-11所示。

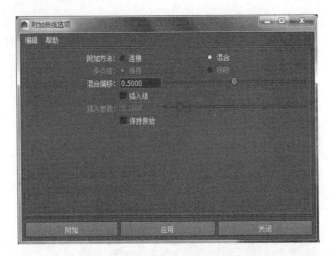

图 2-8-7　取消勾选"保持原始"复选框

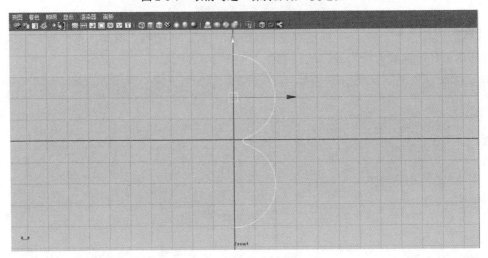

图 2-8-8　曲线效果

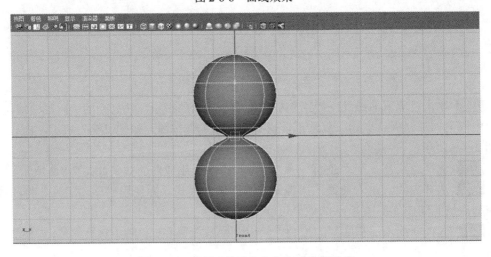

图 2-8-9　使用"旋转"命令生成曲面效果

项目 2　NURBS 建模

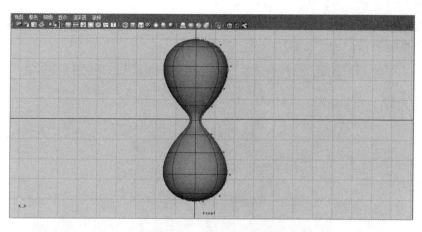

图 2-8-10　调整曲线控制点

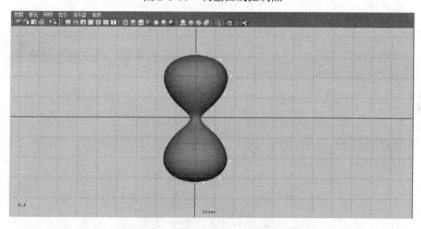

图 2-8-11　缩放曲面效果

第 2 步　制作底盘和顶盖模型

01 单击"创建"→"NUBRS 基本体"→"圆柱体"命令后面的按钮，在打开的"NUBRS 圆柱体选项"对话框设置"半径"为 1.3、"高度"为 0.3，将"封口"属性设置为二者，单击"创建"按钮，如图 2-8-12 所示。

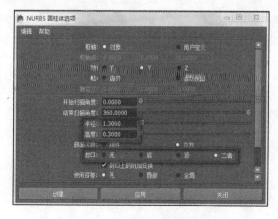

图 2-8-12　圆柱体参数设置

02 选择圆柱体模型的相交曲面,执行"编辑 NUBRS"→"圆化工具"命令,对相交曲面进行圆化操作,如图 2-8-13 所示。

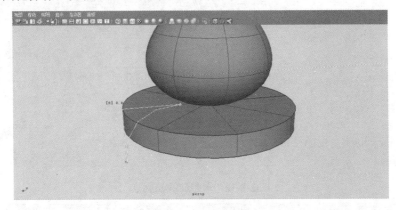

图 2-8-13 进行圆化操作

03 在"通道盒"中将两段倒角的"半径"设置为 0.05,按 Enter 键确认。此时,可以观察到圆柱体已经完成了圆化操作。

04 使用同样的方法对圆柱体底部边缘进行圆化操作,圆化前后分别如图 2-8-14 和图 2-8-15 所示。

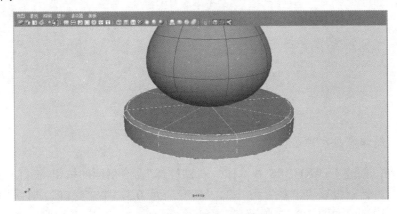

图 2-8-14 底部边缘圆化前

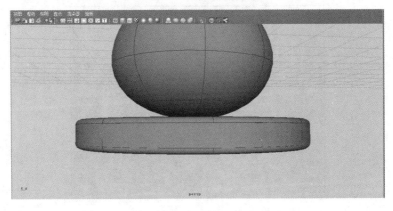

图 2-8-15 底部边缘圆化后

05 框选底部圆柱体模型，按 Ctrl+D 组合键将其复制一份，使用"移动工具"将复制出来的模型拖动到沙漏模型的顶部，如图 2-8-16 所示。

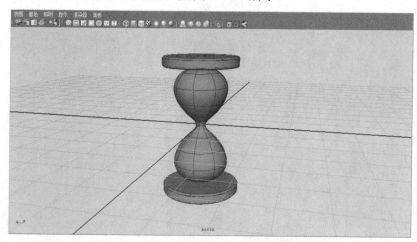

图 2-8-16 圆柱体复制和移动效果

第 3 步　制作支柱模型

01 执行"创建"→"EP 曲线工具"命令，在前视图中绘制一条如图 2-8-17 所示的曲线。

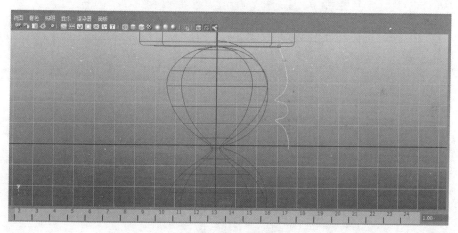

图 2-8-17 创建 EP 曲线

02 进入曲线的"控制顶点"编辑模式，使用"移动工具"调整曲线的控制点，达到曲线圆滑的效果，如图 2-8-18 所示。

03 按 Insert 键，将曲线的坐标拖动到如图 2-8-19 所示的位置，操作完成后再按一次 Insert 键。

04 选择曲线，执行"曲面"→"旋转"命令，旋转生成的模型效果如图 2-8-20 所示。

05 再次进入曲线的"控制顶点"编辑模式，参照在步骤 4 中旋转生成的曲面使用"移动工具"调整曲线的控制点，如图 2-8-21 所示。当曲线的形态调整完成后删除用来参照的曲面。

06 选择曲线，按 Ctrl+D 组合键复制一条曲线，接着在"通道盒"中将"缩放 Y"设置为-1，再使用"移动工具"将复制的曲线向下拖动至和原曲线有一点缝隙的位置处，如图 2-8-22 所示。

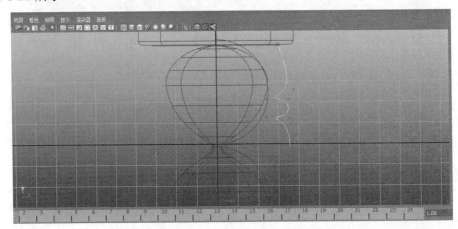

图 2-8-18　调整曲线控制点

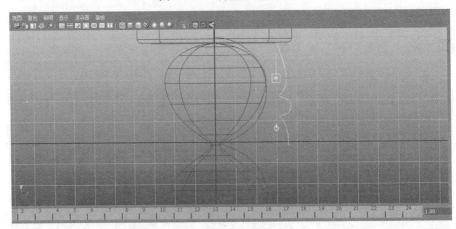

图 2-8-19　拖动坐标

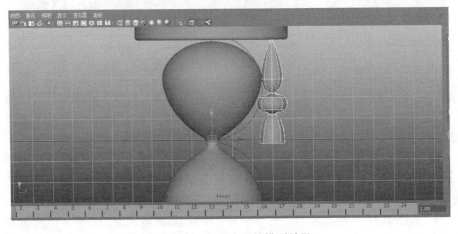

图 2-8-20　旋转生成的模型效果

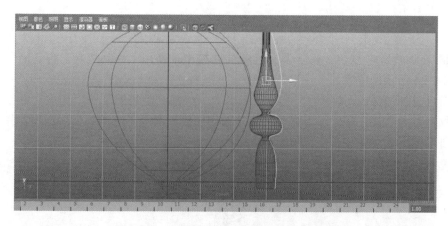

图 2-8-21　参照旋转曲面调整曲线的控制点

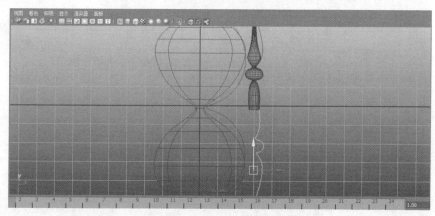

图 2-8-22　复制并调整曲线位置

07 单击"编辑曲线"→"附加曲线"命令后面的按钮,在打开的"附加曲线选项"窗口中取消勾选"保持原始"复选框,单击"附加"按钮。

08 选择曲线,执行"曲面"→"旋转"命令,生成沙漏支柱的曲面模型,如图 2-8-23 所示。

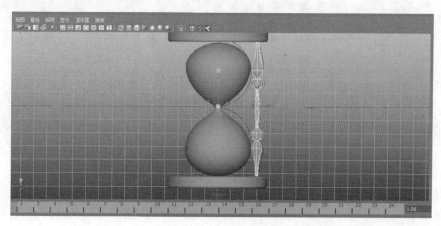

图 2-8-23　沙漏支柱的曲面模型

第 4 步　整理场景

01　在顶视图中复制 3 份沙漏支柱的曲面模型，使用"移动工具"将它们分别拖动到如图 2-8-24 所示的位置。

02　选择所有的物体模型，执行"编辑"→"按类型删除"→"历史"命令，清除所有模型的历史记录，再执行"修改"→"冻结变换"命令，冻结物体"通道盒"中的属性，如图 2-8-25 所示。

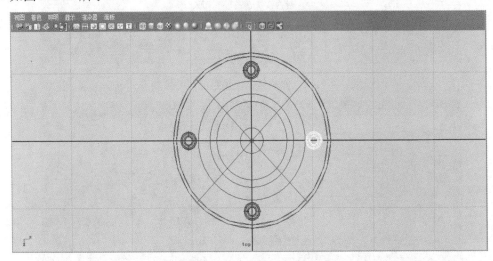

图 2-8-24　移动沙漏支柱的位置

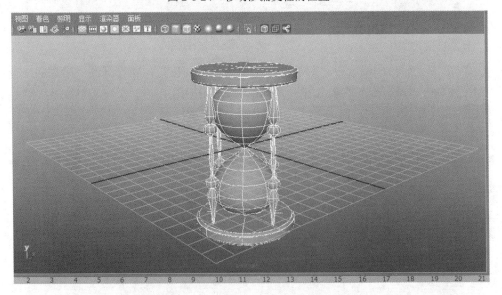

图 2-8-25　删除历史/冻结变换后的效果

03　确保所有的模型处于选择状态，按 Ctrl+G 组合键，执行"窗口"→"大纲视图"命令，并在"大纲视图"窗口中删除无用的曲线和节点，最后将 group1 的名称修改为 sandglass。至此完成沙漏模型的制作。

项目 2　NURBS 建模

任务 2.9　"缝合"命令的应用——制作工业存储罐模型

◎ 任务目的

以图 2-9-1 为参照，制作如图 2-9-2 所示的工业存储罐模型。通过本任务的学习，读者应熟悉并掌握"缝合"命令的使用方法与技巧。

图 2-9-1　工业存储罐实例参照

图 2-9-2　工业存储罐模型效果

相关知识

"缝合"命令可以将两个曲面点、线缝合连接到一起，其包含"缝合曲面点"命令、"缝合边工具"命令和"全局缝合"命令。"全局缝合"命令可以将多个曲面物体进行缝合。

任务实施

技能点拨：①在场景中创建一个圆柱体模型，并调整其大小；②先将圆柱体顶部的面片向上移动，然后通过"全局缝合"命令制作罐体顶部；③在场景中创建一个圆锥体模型，制作储罐底部的模型；④在场景中创建圆柱体模型，并调整至合适的形状，再通过复制制作存储罐的支架和攀梯；⑤在场景中创建两个立方体模型，制作工业存储罐的底座模型和底部结构，完成模型的制作。

视频：制作工业存储罐模型

实施步骤

第 1 步 制作罐体模型

01 打开 Maya 2015 中文版,执行"创建"→"NURBS 基本体"→"圆柱体"命令,在场景中创建一个圆柱体模型,具体参数设置如图 2-9-3 所示。圆柱体模型效果如图 2-9-4 所示。

02 选择圆柱体顶部的面片模型,使用"移动工具"将其向上移动至如图 2-9-5 所示的位置。

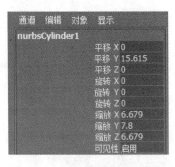 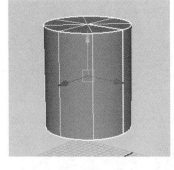 

图 2-9-3 圆柱体参数设置(一)   图 2-9-4 圆柱体模型效果(一)   图 2-9-5 移动面片模型

03 保持对面片模型的选择,并选择圆柱体的侧壁,执行"编辑 NURBS"→"缝合"→"全局缝合"命令,并在"通道盒"中的"globalStitch1"选项组下设置"最大间隔"为 4,完成罐体顶部的制作。

04 执行"创建"→"NURBS 基本体"→"圆锥体"命令,在场景中创建一个圆锥体模型作为存储罐的底部,具体参数设置如图 2-9-6 所示。圆锥体模型效果如图 2-9-7 所示。

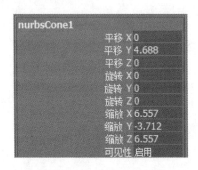 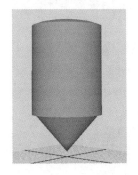

图 2-9-6 圆锥体参数设置   图 2-9-7 圆锥体模型效果

第 2 步 制作支架模型

01 执行"创建"→"NURBS 基本体"→"圆柱体"命令,在场景中创建一个圆柱体模型作为存储罐的支架,具体参数设置如图 2-9-8 所示。圆柱体模型效果如图 2-9-9 所示。

02 选择步骤 1 创建的圆柱体,在顶视图中按 Ctrl+D 组合键将其复制 3 份,并分别移动到合适的位置,如图 2-9-10 所示。

项目 2　NURBS 建模

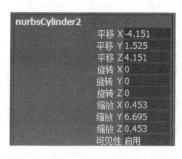  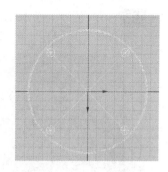

图 2-9-8　圆柱体参数设置（二）　　图 2-9-9　圆柱体模型效果（二）　　图 2-9-10　复制并移动圆柱体位置

03 再次创建两个圆柱体，并使它们沿 Z 轴各旋转 45°和-45°，形成 X 形支架，使用"移动工具"将其拖动至如图 2-9-11 所示的位置，按 Ctrl+G 组合键使其组成模型。

04 切换到顶视图，按 Ctrl+D 组合键复制两份 X 形支架，并分别移动至如图 2-9-12 所示的位置。

 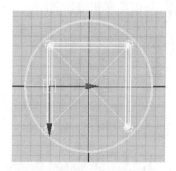

图 2-9-11　创建支架　　　　　　　　　图 2-9-12　复制并移动 X 形支架

第 3 步　制作攀梯模型

01 在场景中创建一个 NURBS 圆柱体，作为攀梯的一侧，具体参数设置如图 2-9-13 所示。圆柱体模型效果如图 2-9-14 所示。

02 将步骤 1 创建的 NURBS 圆柱体复制一份，并拖动至如图 2-9-15 所示的位置，制作攀梯的另一侧。

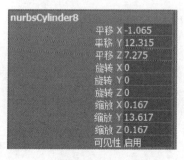  

图 2-9-13　圆柱体参数设置（三）　　图 2-9-14　圆柱体模型效果（三）　　图 2-9-15　复制并移动复制的圆柱体

03 再次创建一个NURBS圆柱体，并将其沿Z轴旋转90°，具体参数设置如图2-9-16所示。圆柱体在透视图中的效果如图2-9-17所示。

 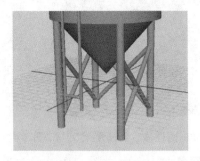

图 2-9-16　圆柱体参数设置（四）　　　　图 2-9-17　圆柱体在透视图中的效果

04 将步骤3创建的NURBS圆柱体复制多份，并使用"移动工具"分别拖动至合适的位置，制作攀梯模型，如图2-9-18所示。

05 制作攀梯和罐体之间的连接结构，效果如图2-9-19所示。

图 2-9-18　制作攀梯模型　　　　　　　　图 2-9-19　制作连接结构效果

第4步　制作底部结构

01 执行"创建"→"NURBS基本体"→"立方体"命令，在场景中创建一个立方体模型作为工业存储罐的底座，具体参数设置如图2-9-20所示。立方体模型效果如图2-9-21所示。

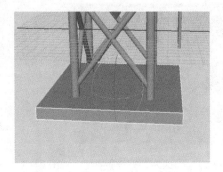

图 2-9-20　立方体参数设置（一）　　　　图 2-9-21　立方体模型效果（一）

项目 2　NURBS 建模

02 再次创建一个立方体模型作为工业存储罐的底部结构,具体参数设置如图 2-9-22 所示。立方体模型效果如图 2-9-23 所示。底部结构完成后,即完成工业存储罐模型的制作。

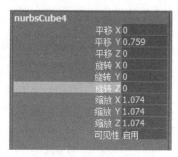

图 2-9-22　立方体参数设置(二)

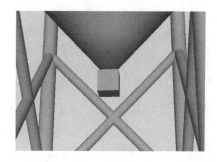

图 2-9-23　立方体模型效果(二)

任务 2.10　"EP 曲线工具"命令的应用——制作茶壶模型

◎ 任务目的

以图 2-10-1 为参照,制作如图 2-10-2 所示的茶壶模型。通过本任务的学习,读者应熟悉并掌握"EP 曲线工具"命令的使用方法与技巧。

图 2-10-1　茶壶实物参照

图 2-10-2　茶壶模型效果

相关知识

"EP 曲线工具"命令又称"编辑点曲线工具"命令,使用该工具创建的曲线不易控制,但可以精确创建编辑点,且会在创建编辑点的位置自动创建 CV 弧度。

任务实施

技能点拨:①在前视图中绘制 EP 曲线,通过旋转的方法制作壶　视频:制作茶壶模型

63

身的模型；②在场景中绘制一条曲线和一个 NURBS 圆形，再使 NURBS 圆形按照曲线挤出，制作壶嘴模型；③利用与制作壶嘴相同的方法制作壶柄的模型；④删除模型的历史记录和场景中的曲线，从壶嘴模型上重新复制曲线，再将曲线投影到壶身模型，并使用"自由形式圆角"命令将复制出的曲线和投影到壶身模型上的曲线生成倒角结构；⑤使用同样的方法制作壶柄与壶身之间的倒角结构，完成模型的制作。

第 1 步　制作壶身

01　打开 Maya 2015 中文版，在前视图中执行"创建"→"EP 曲线工具"命令，绘制一条如图 2-10-3 所示的曲线。

02　选择步骤 1 绘制的曲线，执行"曲面"→"旋转"命令，制作壶身模型，如图 2-10-4 所示。

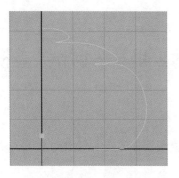
图 2-10-3　创建 EP 曲线（一）

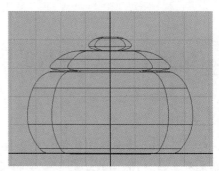
图 2-10-4　壶身模型

第 2 步　制作壶嘴

01　在前视图中执行"创建"→"EP 曲线工具"命令，绘制一条如图 2-10-5 所示的曲线。

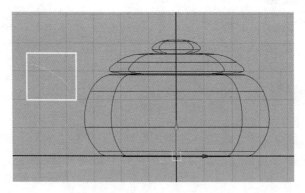
图 2-10-5　创建 EP 曲线（二）

02　执行"创建"→"NURBS 基本体"→"圆形"命令，在场景中创建一个 NURBS 圆形，并使用"移动工具"将其拖动至如图 2-10-6 所示的位置。

项目 2　NURBS 建模

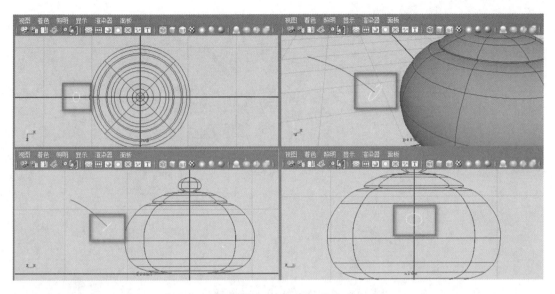

图 2-10-6　创建 NURBS 圆形并移动（一）

03 选择 NURBS 圆形和步骤 1 绘制的曲线，执行"曲面"→"挤出"命令，模型挤出效果如图 2-10-7 所示。

04 进入模型的"壳线"编辑模式，使用"缩放工具"调整壳线的形状，制作壶嘴模型，如图 2-10-8 所示。

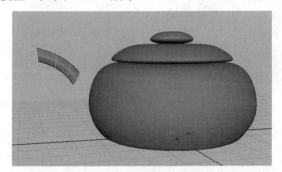

图 2-10-7　模型挤出效果

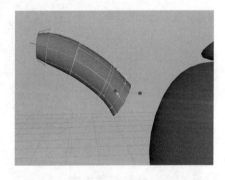

图 2-10-8　调整壳线，制作壶嘴模型

第 3 步　制作壶柄

01 在前视图中执行"创建"→"EP 曲线工具"命令，绘制一条如图 2-10-9 所示的曲线。

02 执行"创建"→"NURBS 基本体"→"圆形"命令，在场景中创建一个 NURBS 圆形，使用"移动工具"将其拖动至如图 2-10-10 所示的位置。

03 选择 NURBS 圆形与壶柄的曲线，执行"曲面"→"挤出"命令，壶柄模型效果如图 2-10-11 所示。

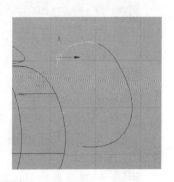

图 2-10-9　创建 EP 曲线（三）

65

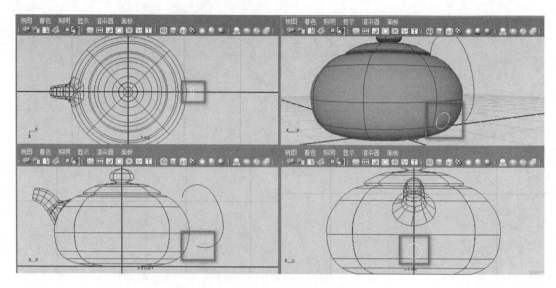

图 2-10-10　创建 NURBS 圆形并移动（二）

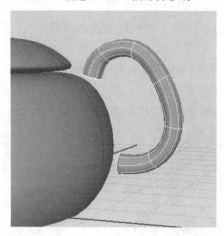

图 2-10-11　壶柄模型效果

第 4 步　设置倒角结构

01　选择场景中所有的模型，执行"编辑"→"按类型删除"→"历史"命令，删除模型的历史记录；打开"大纲视图"窗口，选择场景中的所有曲线将它们删除，如图 2-10-12 所示；选择壶身模型，将其沿 Y 轴旋转 90°，如图 2-10-13 所示。

02　进入壶嘴模型的"等参线"编辑模式，并选择边缘处的等参线，如图 2-10-14 所示。然后执行"编辑曲线"→"复制曲面曲线"命令，将表面曲线复制出来，再执行"修改"→"居中枢轴"命令，将曲线的坐标设置在其中心位置，如图 2-10-15 所示。

03　在前视图中使用"缩放工具"将曲线调大，使用"移动工具"将其拖动到如图 2-10-16 所示的位置上。

04　选择曲线，再选择壶身模型，切换到 Maya 的右视图，如图 2-10-17 所示。执行"编辑 NURBS"→"在曲面投影曲线"命令，曲线投影效果如图 2-10-18 所示。

图 2-10-12　删除场景中的曲线

图 2-10-13　将壶身模型沿 Y 轴旋转 90°

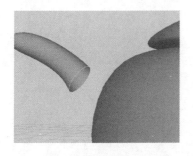

图 2-10-14　选择边缘处等参线

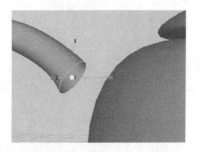

图 2-10-15　设置曲线的坐标位置

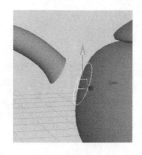

图 2-10-16　调整曲线大小与
　　　　　　位置

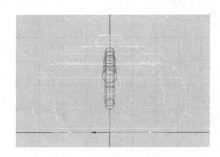

图 2-10-17　选择曲线和壶身模型
　　　　　　（右视图）

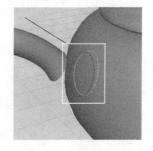

图 2-10-18　曲线投影效果

05 进入壶嘴模型的"等参线"编辑模式，选择壶嘴底部边缘的等参线，然后选择投影在壶身上的曲线，如图 2-10-19 所示。执行"编辑 NURBS"→"曲面圆角"→"自由形式圆角"命令，并在"通道盒"中将"深度"设置为 0.2，将"偏移"设置为-0.4，壶嘴模型最终效果如图 2-10-20 所示。

06 使用同样的方法制作壶柄与壶身之间的倒角结构，其效果如图 2-10-21 所示。至此完成茶壶模型的制作。最终效果如图 2-10-2 所示。

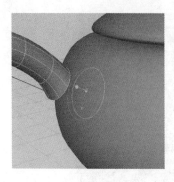 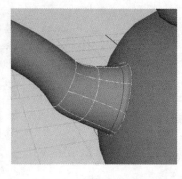 

图 2-10-19　选择等参线与投影曲线　　图 2-10-20　壶嘴模型最终效果　　图 2-10-21　壶柄与壶身之间的倒角结构效果

项目 3 多边形建模

◎ **项目导读**

多边形建模是 Maya 最早的建模方式,也是其发展最完善、应用最广泛的一种建模方式。多边形建模是一种非常直观的建模方式,其通过控制 3D 空间中物体的点、线和面来塑造物体外形。作为一种最为传统的建模方式,其优势十分明显。多边形建模的基本体可以是简单的几何形体,也可以是由"多边形工具"创建的复杂模型。多边形建模主要基于三角形面与四边形面的拼接,非常适用于建筑物、游戏人物、动画角色等模型的创建。

本项目将对多边形建模的相关知识做系统介绍。

◎ **学习目标**

- 掌握多边形基本体的创建和使用方法。
- 掌握编辑多边形的方法。
- 掌握多边形元素级别的切换方法。

◎ **思政目标**

- 树立正确的学习观、价值观,自觉践行行业道德规范。
- 牢固树立质量第一、信誉第一的强烈意识。
- 遵规守纪,团结协作,爱护设备,钻研技术。
- 感受动画之美,发扬一丝不苟、精益求精的工匠精神。

任务 3.1 基本体的应用——制作钻石模型

◎ 任务目的

以图 3-1-1 为参照，制作如图 3-1-2 所示的钻石模型。通过本任务的学习，读者应熟悉并掌握较复杂多边形基本体的创建方法与技巧。

图 3-1-1 钻石实物参照

图 3-1-2 钻石模型效果

相关知识

多边形是指由多条边组成的封闭图形。在 Maya 软件中，两个点形成一条线，3 个点形成一个面，通过"点—线—面"的组合，经过不断叠加，由多个面可以形成物体的基本外形，通过 Maya 软件中特定的工具即可形成光滑的表面。

多边形的边决定了面的结构，既可以由 3 条边组成一个面，也可以由多条边组成一个面。在创建多边形物体时，应尽量使用 4 条边组成多边形的面，如果不能使用四边形也可以利用 3 条边组成面。为降低渲染过程中的模型扭曲现象，建模时应避免使用超过 4 条边的面。

任务实施

技能点拨：①在视图中创建一个圆柱体，并对圆柱体的参数进行调整；②使用"移动工具""缩放工具"对圆柱体的点、边、面元素进行位置和大小的修改；③通过"合并"命令合并圆柱体底部的点；④将制作完成的模型进行复制，完成模型的制作。

视频：制作钻石模型

实施步骤

第 1 步 创建圆柱体

打开 Maya 2015 中文版,执行"创建"→"多边形基本体"→"圆柱体"命令,在场景中创建一个圆柱体,如图 3-1-3 所示,并修改参数,如图 3-1-4 所示,使之基本符合钻石模型。参数修改后效果如图 3-1-5 所示。

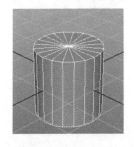 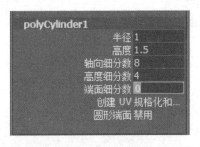 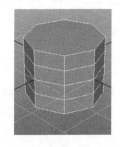

图 3-1-3 在场景中创建圆柱体　　图 3-1-4 圆柱体参数设置　　图 3-1-5 参数修改后效果

第 2 步 编辑钻石形态

01 选择圆柱体并右击,在弹出的快捷菜单中选择"面"命令,进入模型的"面"级别,如图 3-1-6 所示。

02 选择模型顶部的面,使用"缩放工具"对该面进行缩放操作,效果如图 3-1-7 所示。

03 将视图切换到右视图,进入模型的"顶点"级别,并选择模型底端的顶点,执行"编辑网格"→"合并"命令,将选择的顶点合并,如图 3-1-8 所示。

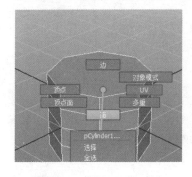 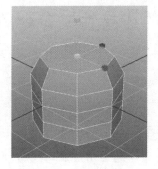 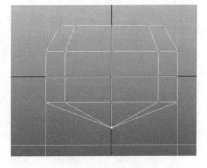

图 3-1-6 选择"面"命令　　图 3-1-7 缩放效果　　图 3-1-8 合并底部顶点

04 进入模型的"边"级别,在模型倒数第 2 行任意一条边上双击,同时选择该行所有边,使用"缩放工具"将选择的边缩小,如图 3-1-9 所示。

05 再次进入模型的"顶点"级别,选择模型顶部的点,使用"移动工具"将选择的点向下移动一定的距离,得出钻石的侧面形状,如图 3-1-10 所示。

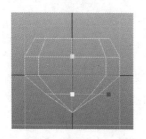
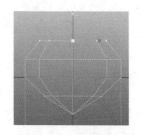

图 3-1-9　缩小选择的边　　　　　　　图 3-1-10　钻石的侧面形状

第 3 步　调整钻石的摆放布局

01　选择场景中的模型，执行"编辑"→"复制"命令，对模型进行复制，使用"移动工具"将复制的模型移动出来，如图 3-1-11 所示。

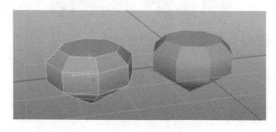

图 3-1-11　复制并移动模型

02　使用"移动工具"和"缩放工具"对模型的位置进行调整，使其在构图上美观，最后可以创建一个面作为地面，至此完成钻石模型的制作。模型最终效果如图 3-1-2 所示。

"保持面的连接性"命令的应用——制作盒子模型

◎ 任务目的

以图 3-2-1 为参照，制作如图 3-2-2 所示的盒子模型。通过本任务的学习，读者应熟悉并掌握"保持面的连接性"命令的应用方法与技巧。

图 3-2-1　盒子模型参照　　　　　　　图 3-2-2　盒子模型效果

任务实施

技能点拨：①在视图中创建一个立方体，并调整大小；②通过"挤出"按钮制作盒子的凹槽；③使用"复制面"命令制作盒子边缘部件；④对模型进行最终调整，完成模型的制作。

视频：制作盒子模型

实施步骤

第 1 步　创建立方体

01　打开 Maya 2015 中文版，执行"创建"→"多边形基本体"→"立方体"命令，在场景中创建一个立方体，在"通道盒"中修改该立方体的参数，如图 3-2-3 所示。

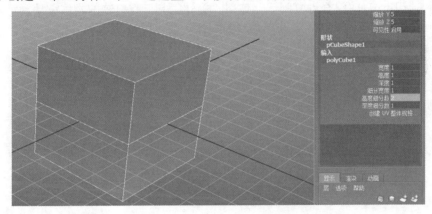

图 3-2-3　立方体及其参数设置

02　执行"编辑网格"→"保持面的连接性"命令，取消勾选"保持面的连接性"复选框，然后保持立方体选中的状态，在工具架的"多边形"选项卡中单击"挤出"按钮，效果如图 3-2-4 所示。

03　再次执行"挤出"命令，向内挤出，效果如图 3-2-5 所示。

　　　　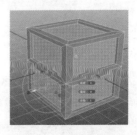

图 3-2-4　立方体挤出效果　　　　图 3-2-5　向内挤出效果

第 2 步　制作边缘部件

01　勾选"保持面的连接性"复选框，进入模型的"面"级别，选择如图 3-2-6 所示的两个面，执行"编辑网格"→"复制面"命令，将这两个面复制并移动，如图 3-2-7 所示。

02 进入复制"面"的"点"级别，使用"移动工具""缩放工具"调整复制面的形状，如图 3-2-8 所示。

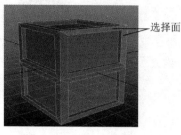
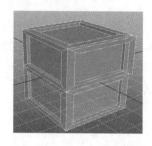
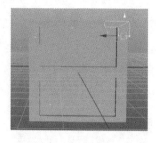

图 3-2-6　选择面　　　　　图 3-2-7　复制并移动选择面　　　图 3-2-8　调整复制面形状

03 保持复制面的选择状态，执行"修改"→"居中枢轴"命令，使中心轴回到物体中心，再次执行"挤出"命令，使该复制面有一定的厚度，如图 3-2-9 所示。

04 使用 Ctrl+D 组合键复制，并使用"旋转工具"将复制的物体移动到每一个拐角处，如图 3-2-10 所示。至此完成盒子模型的制作，最终效果如图 3-2-2 所示。

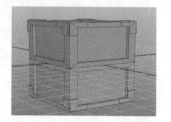

图 3-2-9　复制面挤出效果　　　　　　　图 3-2-10　复制并移动物体

任务 3.3　"插入循环边工具"命令的应用——制作子弹模型

◎ 任务目的

以图 3-3-1 为参照，制作如图 3-3-2 所示的子弹模型。通过本任务的学习，读者应熟悉并掌握"插入循环边工具"命令的应用方法与技巧。

图 3-3-1　子弹实物参照　　　　　　　图 3-3-2　子弹模型效果

项目 3　多边形建模

任务实施

技能点拨：①在视图中创建一个圆柱体，通过对圆柱体进行参数调整使之基本符合子弹模型；②执行"挤出"命令，制作子弹顶端有厚度的圆边；③运用"挤出"命令和"缩放工具"制作子弹的基本模型；④使用"插入循环边工具"命令编辑子弹的底部形态，并调整子弹的结构；⑤对模型进行最终调整，完成模型的制作。

视频：制作子弹模型

实施步骤

第 1 步　创建圆柱体

01　打开 Maya 2015 中文版，执行"创建"→"多边形"→"交互式创建"命令，取消勾选"交互式创建"复选框。

02　执行"创建"→"多边形基本体"→"圆柱体"命令，在场景中创建一个圆柱体，如图 3-3-3 所示，并修改参数，如图 3-3-4 所示，使之基本符合子弹的模型，如图 3-3-5 所示。

 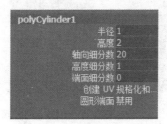 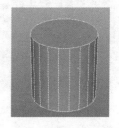

图 3-3-3　创建子弹模型的基本圆柱体　　图 3-3-4　子弹模型圆柱体参数设置　　图 3-3-5　参数修改后效果

第 2 步　制作子弹

01　进入圆柱体的"面"级别，执行"编辑网络"→"挤出"命令，将圆柱体的顶面挤出并进行缩放，如图 3-3-6～图 3-3-8 所示。再次执行"挤出"命令，在顶端创建一个有厚度的圆边，如图 3-3-9 所示。

图 3-3-6　顶面的挤出与缩放（一）　　图 3-3-7　顶面的挤出与缩放（二）

75

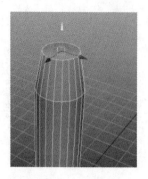 

图 3-3-8　顶面的挤出与缩放（三）　　　　图 3-3-9　在顶面创建有厚度的圆边

02 向内执行"挤出"命令，形成一个内凹的面，如图 3-3-10 所示；执行"挤出"命令，并向内缩放，挤出一个厚度小的圆边；执行"挤出"命令，将圆边向外挤出，如图 3-3-11 所示；再次执行"挤出"命令，并对顶部进行缩小，创建子弹基础模型，如图 3-3-12 所示。

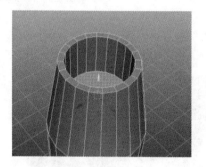  

图 3-3-10　向内挤出　　　　图 3-3-11　圆边向外挤出　　　　图 3-3-12　子弹基础模型

03 选择底面，如图 3-3-13 所示，对子弹的底面执行"挤出"命令，向底面内部挤出一个小圆，如图 3-3-14 所示；执行"编辑网络"→"插入循环边工具"命令，添加两条循环边，如图 3-3-15 所示。

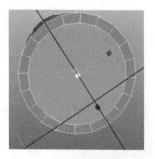 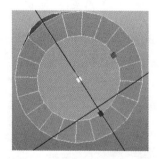 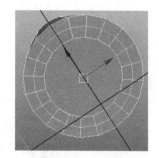

图 3-3-13　选择底面　　　　图 3-3-14　向内部挤出小圆　　　　图 3-3-15　添加两条循环边

04 选择两条循环边之间的面，执行两次"挤出"命令，效果如图 3-3-16 所示。在模型的边缘处执行"编辑网格"→"插入循环边工具"命令，效果如图 3-3-17 所示。至此完成子弹模型的制作，最终效果如图 3-3-2 所示。

项目3 多边形建模

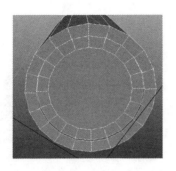

图 3-3-16 执行两次"挤出"命令后效果

图 3-3-17 添加循环边效果

小贴士

"插入循环边工具"命令可以在所选边的所有平行边上进行边的插入。

 **特殊命令的应用——制作轮毂模型**

◎ 任务目的

以图 3-4-1 为参照,制作如图 3-4-2 所示的轮毂模型。通过本任务的学习,结合"特殊复制"命令、"结合"命令等的综合运用,读者应熟悉并掌握较复杂多边形建模的方法与技巧。

图 3-4-1 轮毂实物参照

图 3-4-2 轮毂模型效果

 相关知识

"特殊复制"命令可用于创建所选对象的多个副本,也可以轻量引用现有对象(称为实例);因实例与原始对象链接,所以更改原始对象将自动更新该对象的所有实例。"结合"命令可以将多个多边形合并为一个多边形,方法为首先选择多个多边形,然后执行"网格"→"结合"命令,再拾取合并的多边形物体将其合并。

77

任务实施

技能点拨：①在视图中创建一个圆柱体，通过对圆柱体进行编辑制作轮毂的基本模型；②使用"挤出"工具将个别面进行挤出，制作轮毂的一个叶片模型，并删除不需要的面；③使用"特殊复制"命令复制出其他叶片；④使用"挤出"命令和"移动工具"等对单个叶片模型进行塑造和调整；⑤制作轮毂的外圈模型，并优化；⑥进行最终整理，完成模型的制作。

视频：制作轮毂模型

实施步骤

第 1 步　创建基本形态

01　执行"创建"→"多边形基本体"→"圆柱体"命令，或在工具架的"多边形"选项卡中单击"多边形圆柱体"按钮，在视图中创建一个如图 3-4-3 所示的圆柱体。

02　在"通道盒"中设置圆柱体参数，如图 3-4-4 所示。其效果如图 3-4-5 所示。

图 3-4-3　创建轮毂模型的基本圆柱体

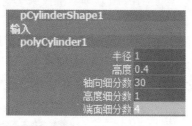
图 3-4-4　轮毂模型圆柱体参数设置

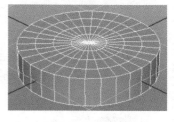
图 3-4-5　轮毂模型圆柱体效果

03　使用"旋转工具"将圆柱体在 Y 轴上旋转 6°，如图 3-4-6 所示，这样就有一条笔直的边线穿过圆柱体的 X 轴中心，如图 3-4-7 所示。

04　选择圆柱体，执行"修改"→"冻结变换"命令，进入模型的"面"级别，选择如图 3-4-8 所示的面，执行"编辑网格"→"挤出"命令，但是此时不要挤出面的高度（即此时基础的面的高度为 0）。

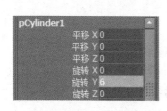
图 3-4-6　旋转角度设置

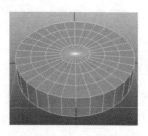
图 3-4-7　旋转角度后效果

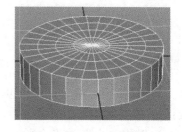
图 3-4-8　选择圆柱体的面

05　切换到顶视图，使用"移动工具"将新挤出的面移出来，如图 3-4-9 所示；选择模型上如图 3-4-10 所示的面，将其删除，效果如图 3-4-11 所示。

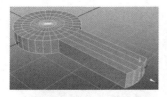 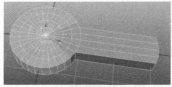 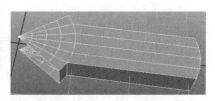

图 3-4-9　移动挤出的面　　　图 3-4-10　选择模型的面（一）　　　图 3-4-11　删除面效果

06 选择模型，单击"编辑"→"特殊复制"命令后面的 □ 按钮，打开"特殊复制选项"窗口，具体参数设置如图 3-4-12 所示。完成设置后单击"特殊复制"按钮，这样就镜像复制出了其他轮毂叶片的模型，效果如图 3-4-13 所示。

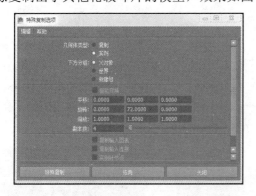 

图 3-4-12　"特殊复制选项"窗口中参数设置　　　图 3-4-13　特殊复制后效果（一）

07 进入模型的"边"级别，选择如图 3-4-14 所示的边，使用"移动工具"将这些边线向上移动一定的距离。

08 选择如图 3-4-15 所示的面，执行"编辑网格"→"挤出"命令，并通过手柄将选择的面向下挤出，效果如图 3-4-16 所示。

09 选择如图 3-4-17 所示的边，使用"移动工具"将这些边线向下移动少许，效果如图 3-4-18 所示。

图 3-4-14　选择模型的边（一）　　图 3-4-15　选择模型的面（二）　　图 3-4-16　向下挤出选择面效果

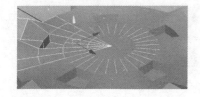 

图 3-4-17　选择模型的边（二）　　　图 3-4-18　移动边线效果

10 进入模型的"面"级别,选择如图 3-4-19 所示的面,并将其删除,效果如图 3-4-20 所示。按 3 键进行圆滑,效果如图 3-4-21 所示。

图 3-4-19　选择模型的面(三)　　　图 3-4-20　删除相应的面　　　图 3-4-21　圆滑效果

第 2 步　调整模型细节

01　执行"创建"→"多边形基本体"→"圆柱体"命令,在视图中创建一个圆柱体,如图 3-4-22 所示,在"通道盒"中调整圆柱体参数,如图 3-4-23 所示。

02　选择圆柱体模型,执行"修改"→"冻结变换"命令,再执行"修改"→"重置变换"命令,将圆柱体的坐标轴重置到世界坐标的中心点上,如图 3-4-24 所示。

 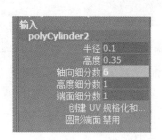 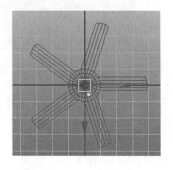

图 3-4-22　创建圆柱体　　　图 3-4-23　圆柱体参数设置　　　图 3-4-24　重置坐标中心点

03　选择圆柱体模型,单击"编辑"→"特殊复制"命令后面的按钮,打开"特殊复制选项"窗口,具体参数设置如图 3-4-12 所示。完成设置后单击"特殊复制"按钮,效果如图 3-4-25 所示。

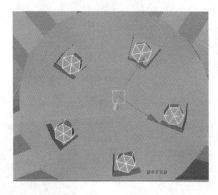

图 3-4-25　特殊复制后效果(二)

04　执行"创建"→"多边形基本体"→"管道"命令,在场景中创建一个管状体作为轮毂的外圈，如图 3-4-26 所示，并在"通道盒"中设置其参数，如图 3-4-27 所示，效果如图 3-4-28 所示。

 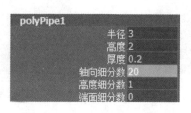 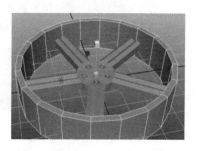

图 3-4-26 管状体效果　　　　图 3-4-27 管状体参数设置　　　　图 3-4-28 管状体效果

05 进入管状体的"面"级别，选择内圈和外圈的面，如图 3-4-29 所示，执行"编辑网格"→"挤出"命令，并通过手柄在 Y 轴上进行缩放，效果如图 3-4-30 所示。保持对内圈和外圈面的选择，按 G 键复制前面"挤出"命令，将挤出的面向内挤出，效果如图 3-4-31 所示。

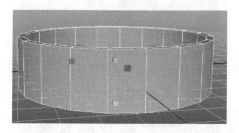 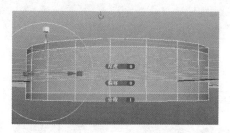

图 3-4-29 选择内圈和外圈的面　　　　　　　图 3-4-30 挤出与缩放效果

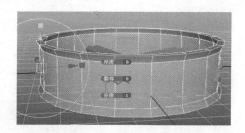

图 3-4-31 再次挤出效果

第 3 步　最终整理

01 选择 5 个轮毂的叶片，执行"网格"→"结合"命令，将它们合并为一个物体，效果如图 3-4-32 所示。进入模型的"顶点"级别，选择如图 3-4-33 所示的点，单击"编辑网格"→"合并"命令后面的按钮，并在打开的"合并顶点选项"窗口中将"阈值"修改为 0.01，单击"合并"按钮，如图 3-4-34 所示，效果如图 3-4-35 所示。

02 选择所有的模型，执行"编辑"→"按类型删除"→"历史"命令，清除所有模型的历史记录。执行"修改"→"冻结变换"命令，并删除场景中多余的曲线。至此完成轮毂模型的完成，最终效果如图 3-4-2 所示。

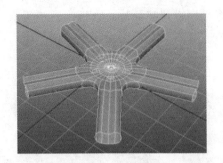

图 3-4-32 合并效果

图 3-4-33 选择顶点

图 3-4-34 阈值设置

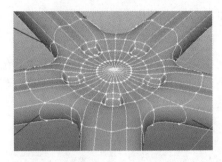

图 3-4-35 执行合并操作效果

任务 3.5 "套索工具"命令的应用——制作螺钉模型

◎ 任务目的

以图 3-5-1 为参照，制作如图 3-5-2 所示的螺钉模型。通过本任务的学习，读者应熟悉并掌握"套索工具"命令的应用方法与技巧。

图 3-5-1 螺钉实物参照

图 3-5-2 螺钉模型效果

相关知识

"套索工具"命令用于在模型周围绘制自由形式形状,以在视图面板中选择对象和组件。当绘制套索时,Maya 将连接结束点和开始点以显示封闭的空间,若要修改套索范围,则进入选择点模式,按住鼠标左键进行拖动,将想要修改的点圈入选择范围即可。

任务实施

技能点拨:①创建基本螺旋体,通过编辑制作螺钉的主体;②使用"挤出"命令创建螺钉的螺母;③使用"挤出"命令制作螺钉的底部;④通过布尔运算制作螺母的凹槽;⑤对模型进行最终调整。

视频:制作螺钉模型

实施步骤

第 1 步　创建基本螺旋体

01 执行"创建"→"多边形基本体"→"螺旋线"命令,在左视图中创建一个螺旋体,如图 3-5-3 所示。

02 在"通道盒"中对螺旋体的参数进行修改,如图 3-5-4 所示。参数修改后螺旋体效果如图 3-5-5 所示。

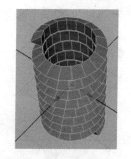

图 3-5-3　创建螺旋体　　　　图 3-5-4　螺旋体参数设置　　　图 3-5-5　参数修改后螺旋体效果

03 将视图切换到顶视图,单击"套索工具"按钮,进入模型的"面"级别,选择螺旋体中心位置的面,如图 3-5-6 所示,按 Delete 键删除面,如图 3-5-7 所示。

04 进入模型的"顶点"级别,选择所有的点,单击"编辑网格"→"合并"命令后面的按钮,并在打开的"合并顶点选项"窗口中设置"阈值"为 0.07。单击"合并"按钮,合并顶点效果如图 3-5-8 所示。

05 执行"编辑网格"→"合并顶点工具"命令,将如图 3-5-9 所示的顶点焊接在一起,效果如图 3-5-10 所示。

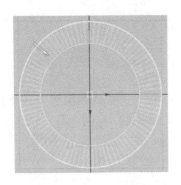
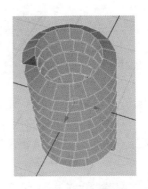

图 3-5-6　选择螺旋体中心位置的面　　　　图 3-5-7　删除面

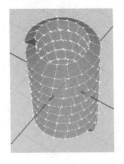
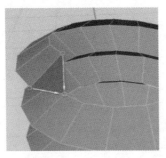
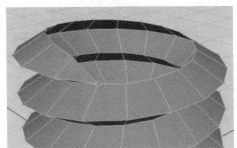

图 3-5-8　合并顶点效果　　图 3-5-9　顶点合并前　　　图 3-5-10　顶点合并后效果

第 2 步　制作螺母

01 进入模型的"边"级别，双击模型顶部的边，将循环的边全部选中，在工具架的"多边形"选项卡中单击"挤出"按钮，并将选择的边线略向上移动，如图 3-5-11 所示。

02 保持对边的选择，使用"缩放工具"沿 Y 轴对其进行缩放，重复缩放几次，直到边线呈水平状态为止，如图 3-5-12 所示。

图 3-5-11　挤出边线　　　　　　　　图 3-5-12　缩放后效果

03 进入模型的"顶点"级别，选择如图 3-5-13 所示的点并进行移动，使靠近螺母的螺纹过渡圆滑，再将顶部的环形边移动至靠近螺母的顶端，如图 3-5-14 所示。

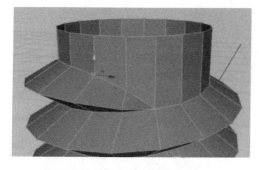
图 3-5-13 选择并移动点

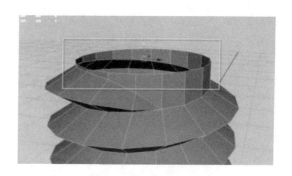
图 3-5-14 移动环形边

04 保持对螺钉顶部环形边的选择，执行"编辑网格"→"挤出"命令，使用"缩放工具"对新挤出的边进行缩放操作，如图 3-5-15 所示。

05 执行"编辑网格"→"挤出"命令，并将挤出的边沿 Y 轴进行移动，如图 3-5-16 所示。

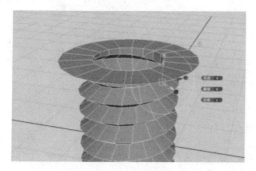
图 3-5-15 挤出并缩放后效果

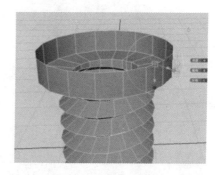
图 3-5-16 挤出并移动后效果

06 重复步骤 5 的操作，不断对螺钉的顶部执行"挤出"命令，效果分别如图 3-5-17～图 3-5-19 所示。

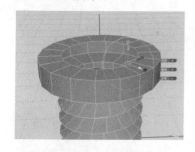
图 3-5-17 挤出后效果（一）

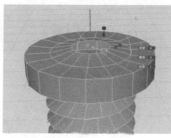
图 3-5-18 挤出后效果（二）

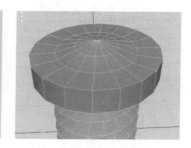
图 3-5-19 挤出后效果（三）

07 选择螺母顶部的环形边，执行"编辑网格"→"合并到中心"命令，将顶部焊接在一起，如图 3-5-20 所示。

08 选择螺钉底部的环形边，使用制作螺母的方法对螺钉底部的环形边进行挤出，如图 3-5-21 所示。再次执行"编辑网格"→"合并到中心"命令，将环形边焊接到中心位置，如图 3-5-22 所示。此时螺钉模型已经具有大体的形态了，效果如图 3-5-23 所示。

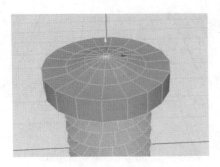
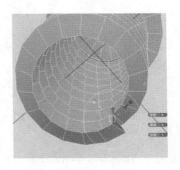

图 3-5-20　顶部环形边合并到中心　　　　图 3-5-21　挤出底部环形边

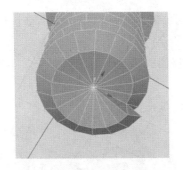
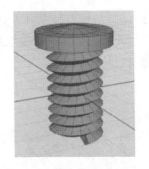

图 3-5-22　底部环形边合并到中心　　　　图 3-5-23　螺钉模型大体效果

第 3 步　制作螺母的凹槽

01　执行"创建"→"多边形基本体"→"立方体"命令，在场景中创建一个立方体，如图 3-5-24 所示。使用"缩放工具"对立方体进行缩放操作，如图 3-5-25 所示。

02　选择螺钉的模型并选择立方体，执行"多边形"→"布尔"→"差集"命令，制作螺母的凹槽，如图 3-5-26 所示。

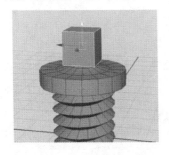
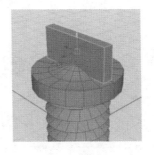
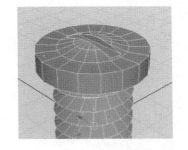

图 3-5-24　创建立方体　　　　图 3-5-25　缩放立方体　　　　图 3-5-26　布尔运算后效果

第 4 步　最后调整

01　选择螺钉模型，按住 Ctrl 键的同时使用"缩放工具"沿 Y 轴对模型进行缩放，如图 3-5-27 所示。

02　复制一个螺钉模型，然后将其摆放到合适的位置，如图 3-5-28 所示。

项目3　多边形建模

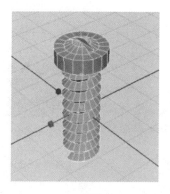

图3-5-27　螺钉模型缩放效果

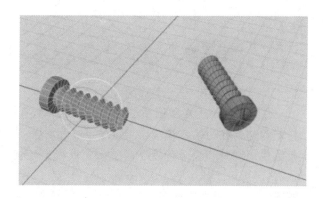

图3-5-28　复制螺钉模型

03 调整场景中的布局，创建一个平面作为地面，至此完成螺钉模型的制作，最终效果如图3-5-2所示。

任务3.6　"挤出"命令的综合应用——制作奶茶杯模型

◎ 任务目的

以图3-6-1为参照，制作如图3-6-2所示的奶茶杯模型。通过本任务的学习，读者应熟悉并掌握"挤出"命令的综合应用方法与技巧。

图3-6-1　奶茶杯实物参照

图3-6-2　奶茶杯模型效果

相关知识

通过向网格上的多边形添加分段的方式可以平滑选定多边形网格。如果连续单击选项窗口中的"平滑"或"应用"按钮，则可以重复平滑选定的多边形面，也通过可以调整分段的数值达到多次平滑的效果。

任务实施

技能点拨：①在视图中创建一个圆柱体，通过对圆柱体进行编辑制作奶茶杯的基本模型；②通过"挤出"等命令对奶茶杯模型进行编辑；③对模型进行最终调整，完成模型的制作。

视频：制作奶茶杯模型

实施步骤

第 1 步　制作杯身

01　打开 Maya 2015 中文版，执行"创建"→"多边形基本体"→"圆柱体"命令，在场景中创建一个圆柱体，如图 3-6-3 所示，并修改参数，如图 3-6-4 所示，使之基本符合奶茶杯模型，如图 3-6-5 所示。

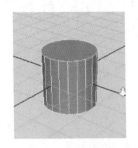
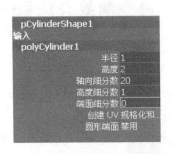

图 3-6-3　创建奶茶杯模型的基本圆柱体　　　图 3-6-4　奶茶杯模型圆柱体参数设置　　　图 3-6-5　参数修改后圆柱体效果

02　选择圆柱体上表面，对水杯的上表面执行"挤出"命令，挤出水杯的高度，如图 3-6-6～图 3-6-8 所示。

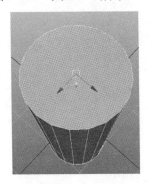
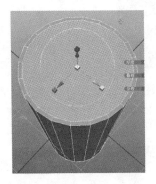
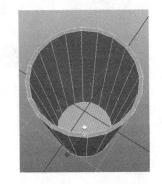

图 3-6-6　选择上表面　　　图 3-6-7　执行"挤出"命令　　　图 3-6-8　挤出高度

03　执行"编辑网格"→"插入循环边工具"命令，在杯身添加循环边，如图 3-6-9 所示。进入模型的"面"级别，选择如图 3-6-10 所示的面，执行"挤出"命令，将选择的面挤出，如图 3-6-11 所示。

项目3 多边形建模

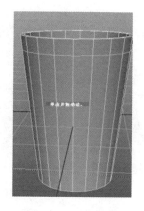
图 3-6-9 插入循环边（一）

图 3-6-10 选择面

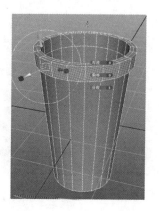
图 3-6-11 挤出选择面

04 执行"编辑网格"→"插入循环边工具"命令，在杯身的中间添加两条循环边，如图 3-6-12 所示。进入模型的"顶点"级别，对其进行缩放，如图 3-6-13 所示。继续在杯身下方添加两条循环边，如图 3-6-14 所示，并对其进行适当的缩放，如图 3-6-15 所示。

图 3-6-12 插入循环边（二）

图 3-6-13 缩放顶点

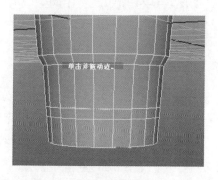
图 3-6-14 插入循环边（三）

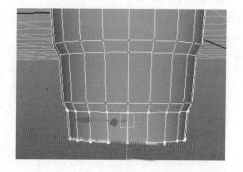
图 3-6-15 缩放循环边效果

05 选择杯身底部的面，如图 3-6-16 所示，执行"挤出"命令，并缩放杯底的面，如图 3-6-17 所示。然后对底部进行向内挤出，使其产生一个凹面，如图 3-6-18 所示。执行"网格"→"平滑"命令，使凹面平滑，杯身最终效果如图 3-6-19 所示。

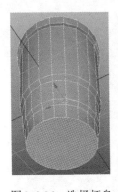 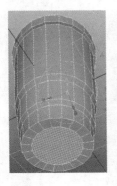 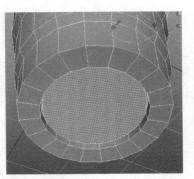 

图 3-6-16　选择杯身底部的面　　图 3-6-17　挤出并缩放杯底面　　图 3-6-18　挤出凹面　　图 3-6-19　杯身最终效果

第 2 步　制作杯盖

01　执行"创建"→"多边形基本体"→"圆柱体"命令，在场景创建一个圆柱体，如图 3-6-20 所示，其参数如图 3-6-21 所示。同时对其进行缩放，使之与杯口大小一致，如图 3-6-22 所示。将不需要的面删除，如图 3-6-23 所示。

 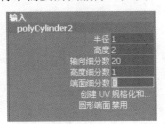  

图 3-6-20　创建杯盖基本圆柱体　　图 3-6-21　参数设置　　图 3-6-22　缩放杯盖圆柱体　　图 3-6-23　删除不需要的面

02　对步骤 1 留下的面片执行"挤出"命令，如图 3-6-24 所示。将中间生成的圆形面片删除，如图 3-6-25 所示。选择面片外侧的边，对其多次执行"挤出"命令，如图 3-6-26 所示。

图 3-6-24　对面片进行挤出　　图 3-6-25　删除圆形面片　　图 3-6-26　挤出外侧边

03　执行"编辑网格"→"插入循环边工具"命令，为杯盖的面添加两条循环边，如图 3-6-27 所示。进入模型的"面"级别，选择循环边之间的面，如图 3-6-28 所示，对两条边之间的面执行"挤出"命令，效果如图 3-6-29 所示。

04　选择杯盖里面的边，如图 3-6-30 所示，对杯盖内侧的边执行"挤出"命令，效果如图 3-6-31 所示。

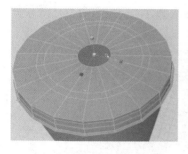 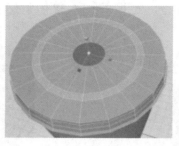 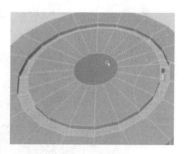

图 3-6-27　插入循环边（四）　　图 3-6-28　选择循环边之间的面　　图 3-6-29　挤出效果（一）

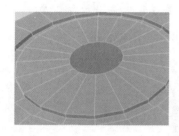 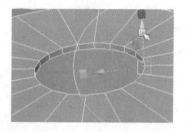

图 3-6-30　选择杯盖里面的边　　　　　　图 3-6-31　挤出效果（二）

05 执行"编辑网格"→"插入循环边工具"命令，为杯子添加循环边，如图 3-6-32 所示。进入模型的"边"级别，执行"挤出"命令，效果如图 3-6-33 所示；再次执行"挤出"命令，效果如图 3-6-34 所示。

图 3-6-32　插入循环边（五）　　图 3-6-33　挤出效果（三）　　图 3-6-34　挤出效果（四）

第 3 步　制作吸管

01 执行"创建"→"多边形基本体"→"圆柱体"命令，在场景中创建一个圆柱体，如图 3-6-35 所示。

02 选择上、下两个面，如图 3-6-36 所示，对其执行"挤出"命令，效果如图 3-6-37 所示。

  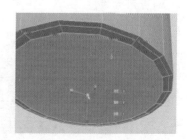

图 3-6-35　创建吸管基本圆柱体　　图 3-6-36　选择上、下两个面　　图 3-6-37　挤出效果（五）

03 继续执行"挤出"命令,效果如图 3-6-38 所示;再次执行"挤出"命令,效果如图 3-6-39 所示。

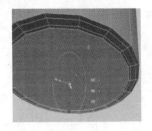 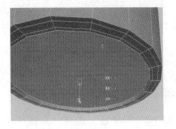

　　图 3-6-38　挤出效果(六)　　　　　　　图 3-6-39　挤出效果(七)

04 进入模型的"面"级别,选择图 3-6-39 挤出的面,对其执行"挤出"命令,效果如图 3-6-40 所示。

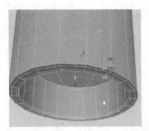

图 3-6-40　挤出面效果

05 将吸管置于合适位置,至此完成奶茶杯模型的制作,最终效果如图 3-6-2 所示。

 "交互式分割工具"命令的应用——制作神殿模型

◎ 任务目的

　　以图 3-7-1 为参照,制作如图 3-7-2 所示的神殿模型。通过本任务的学习,读者应熟悉并掌握较复杂多边形建模的综合应用方法与技巧,以及"交互式分割工具"命令的应用方法。

　　图 3-7-1　神殿实物参照　　　　　　　图 3-7-2　神殿模型效果

相关知识

"交互式分割工具"命令用于在多边形物体表面创建点或边,是多边形建模中常用的命令,多用于创建新边或循环边。值得注意的是,移动光标,可以拖动新加入的顶点在同一条边上自由移动。但此命令不能一次加入过多的点,若加入点过多,会在按 Enter 键之后出现错误。如果需要加入较多点,则需要多次操作。

"雕刻几何体工具"命令用于修改多边形物体表面的点分布情况,而不改变点的数量,主要分为4种操作方法:拉、推、平滑和擦除。该命令可对物体表面做细致柔和的修改,如用常规工具无法塑造生物模型肌肉凹凸感,只能用该命令进行修改。

> **小技巧**
>
> 按住 B 键的同时,长按鼠标左键并左右拖动鼠标,可以改变"雕刻几何体工具"的大小。

任务实施

技能点拨:①在视图中创建一个圆柱体,通过对圆柱体进行编辑制作石柱的基本模型;②通过"硬化边"等命令对石柱模型进行编辑;③通过"雕刻几何体工具""布尔运算"等命令制作石柱破损的效果;④运用"倒角"等命令制作底座和基石;⑤通过"复制""成组"等命令制作其他部分,并组合模型,完成模型的制作。

视频:制作神殿模型

实施步骤

第 1 步 创建石柱

01 打开 Maya 2015 中文版,执行"创建"→"多边形基本体"→"圆柱体"命令,或在工具架的"曲面"选项卡中单击"多边形圆柱体"按钮,然后通过拖动方式在视图中创建一个圆柱体,如图 3-7-3 所示。

02 在"通道盒"中对球体的参数进行调整,如图 3-7-4 所示。参数修改后的效果如图 3-7-5 所示。

图 3-7-3 创建石柱基本圆柱体　　图 3-7-4 石柱基本圆柱体参数设置　　图 3-7-5 参数修改后的效果

03 切换到顶视图,按住 X 键,移动圆柱体,使之吸附到网格原点,如图 3-7-6 所示。

04 进入"顶点组元"模式,选择两个连续的顶点,然后空两个顶点,再继续选择两个连续的顶点,以此类推,每隔两个顶点就选择两个连续的顶点,如图 3-7-7 所示。

05 用"缩放工具"对顶点进行缩放,效果如图 3-7-8 所示。

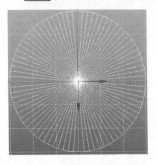 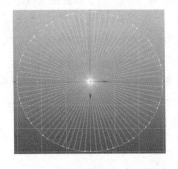 

图 3-7-6　模型吸附到网格原点　　图 3-7-7　依次选择两个连续的顶点　　图 3-7-8　对顶点进行缩放效果

06 将操作视图切换到透视图,在透视图中可以看到,在 X、Z 轴方向收缩顶点的同时,顶点在 Y 轴的方向也收缩了,如图 3-7-9 所示。

07 切换到侧视图,框选圆柱体上部已缩放的顶点,执行"缩放"命令,在 Y 轴方向上将上部顶点收缩至一条水平线上,按照同样的方法,将下部顶点也收缩至一条水平线上,如图 3-7-10 和图 3-7-11 所示。

图 3-7-9　收缩后效果(透视图)　　图 3-7-10　调整顶点位置　　图 3-7-11　调整后效果

08 执行"法线"→"硬化边"命令,将柱子的边缘硬化,边缘硬化前后如图 3-7-12 和图 3-7-13 所示。

图 3-7-12　边缘硬化前　　　　　　　　图 3-7-13　边缘硬化后

09 执行"着色"命令，勾选"着色对象上的线框"复选框，如图 3-7-14 所示，效果如图 3-7-15 所示。

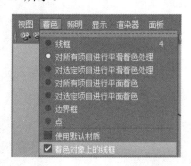

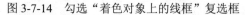

图 3-7-14　勾选"着色对象上的线框"复选框　　　图 3-7-15　着色后效果

10 切换至侧视图或前视图，把石块上面的边沿缩小，选择上边沿的点（图 3-7-16），并将其缩小。

11 石柱的上、下两端不应是切口齐平的，而应有一点倒角，因此选择圆柱体，执行"编辑网格"→"插入循环边工具"命令，添加循环边（图 3-7-17），移动鼠标指针使新添加的边与顶面的距离如图 3-7-18 所示。

图 3-7-16　选择上边沿的点　　图 3-7-17　添加循环边　　图 3-7-18　添加边与顶面的距离

12 将添加边适当放大，做出倒角的形式。在底面采用同样的方法加入一条边，如图 3-7-19 所示，并放大，倒角后最终效果如图 3-7-20 所示，倒角前与倒角后的对比如图 3-7-21 和图 3-7-22 所示。

13 使用 Ctrl+D 组合键，把该物体复制 4 份，由上到下排列，如图 3-7-23 所示。

图 3-7-19　添加底面边　　　　　　图 3-7-20　倒角后最终效果

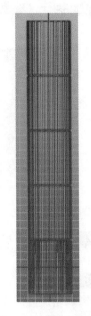

图 3-7-21　倒角前　　　　　　图 3-7-22　倒角后　　　　　图 3-7-23　排列后效果

第 2 步　制作石柱破损效果

01　为了使效果更加逼真，接下来为石柱增加一些破损效果。选择一块石块，执行"编辑网格"→"交互式分割工具"命令，如图 3-7-24 所示，在需要切口的地方画出分界，如图 3-7-25 所示。

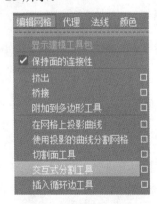
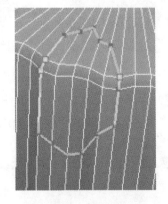

图 3-7-24　"交互式分割工具"命令　　　　　图 3-7-25　画出分界

02　按住 Shift 键选择破损的面，如图 3-7-26 所示，执行"编辑网格"→"挤出"命令，效果如图 3-7-27 所示，将选择的面向内推移并缩小，效果如图 3-7-28 所示。

03　对内部布线进行整理，如果需要将其展开并进行平整，可执行"网格"→"雕刻几何体工具"命令，如图 3-7-29 所示，在"雕刻几何体工具"面板上进行平整，如图 3-7-30 所示。平整前后效果如图 3-7-31 和图 3-7-32 所示。最后对模型进行查看，效果如图 3-7-33 所示，对其进行平滑处理，效果如图 3-7-34 所示。

项目3 多边形建模

 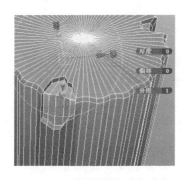 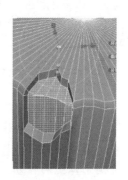

图 3-7-26　选择破损的面　　　图 3-7-27　破损的面挤出效果　　图 3-7-28　推移并缩小选择面效果

 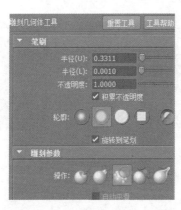 

图 3-7-29　执行"雕刻几何体　　图 3-7-30　"雕刻几何体工具"　　图 3-7-31　平整前效果
　　　　　　工具"命令　　　　　　　　　　面板

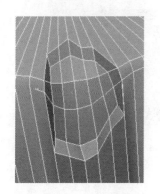  

图 3-7-32　平整后效果　　　　图 3-7-33　模型效果　　　　　图 3-7-34　平滑处理效果

97

> **小贴士**
>
> 另外，也可以用另一种方法为石块添加破损效果，具体如下：
> 步骤 1　创建一个作为破损形状的物体，即创建一个立方体，并将立方体变形。
> 步骤 2　将作为破损形状的物体移至柱子的边缘，使之与柱子呈相交状态。
> 步骤 3　先选择石柱，再选择破损物体，执行"网格"→"布尔运算"→"差集"命令，石柱得到破损边缘。
> 运用以上两种方式，可以为石柱多制作几处破损，让模型更加丰富。

第 3 步　制作底座

01　创建底座圆柱体，如图 3-7-35 所示，修改圆柱体的参数如图 3-7-36 所示，将圆柱体的高划分为 4 段。

　　　　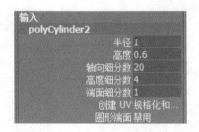

图 3-7-35　创建底座圆柱体　　　　图 3-7-36　修改圆柱体的参数

02　从前视图或侧视图进行操作，选择圆柱体上的点，将圆柱体拉扯成圆台形状，如图 3-7-37 所示。

03　执行"编辑网格"→"插入循环边工具"命令，在圆台上下各加入一条边，制作小的倒角，最终效果如图 3-7-38 所示。

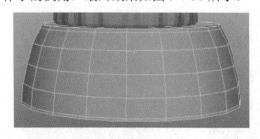　　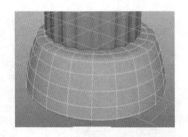

图 3-7-37　圆台形状　　　　图 3-7-38　圆台的最终效果

第 4 步　制作基石

01　基石以立方体为基本形状，因此创建一个立方体，将形状压成扁一些的立方体，如图 3-7-39 所示。

02 为立方体进行倒角。执行"编辑网格"→"倒角"命令,打开"倒角选项"窗口,设置"宽度"为0.2,"分段"为2,将边缘柔化,如图3-7-40所示。

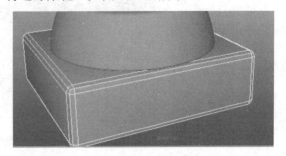

图 3-7-39 立方体   图 3-7-40 倒角与边缘柔化后效果

03 柱顶和柱底的制作方法一样,可以直接把柱底的基石和底座复制到柱顶,变换方向即可。

04 使视图切换到顶视图,将柱子的圆台底座、方形基石与柱体等进行对位,如图 3-7-41 所示。按住 X 键,使圆台底座、方形基石和柱体的中心点均在中心原点对齐,以保证圆台底座、方形基石与柱体的中心是一致的,如图 3-7-42 所示。

05 为了方便后面的复制操作,可以把柱子的所有物体放入一个组里,选择这根柱子的所有物体,如图 3-7-43 所示,按 Ctrl+G 组合键,或执行"编辑"→"成组"命令,将物体放入 group1 中。

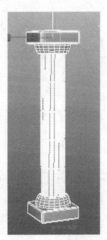

图 3-7-41 对位   图 3-7-42 对齐   图 3-7-43 选择柱子中的所有物体

06 在"通道"选项组中将 group1 重命名为 group_pillar,如图 3-7-44 所示,便于记忆和后续操作过程中查找。

07 选择"group_pillar",单击"编辑"→"特殊复制"命令后面的按钮,打开"特殊复制选项"窗口设置参数,单击"应用"按钮,如图 3-7-45 所示。

08 沿 X 轴正方向为 15 的地方复制"group_pillar",用同样的方法重复操作 4 次,让 X 轴方向有 6 根相同的柱子,每根柱子相隔的距离都是 15,复制后效果如图 3-7-46 所示。

 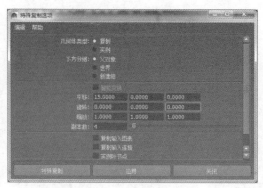 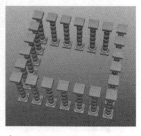

图 3-7-44 重命名　　　图 3-7-45 设置特殊复制参数　　　图 3-7-46 复制后效果

第 5 步　制作台阶

01 创建一个立方体，改变其形状为又长又扁的立方体，如图 3-7-47 所示。执行"编辑网格"→"倒角"命令，设置相关参数，对该立方体进行倒角。将立方体作为石板，垫在柱子下面，如图 3-7-48 所示。复制石板，沿柱子分布的方向进行排列，排在柱子下面。除 X 轴方向外，Z 轴方向也用同样的方法以石板布满。用同样的方法将神殿中心处的地板铺满，不要有遗漏，如图 3-7-49 所示。

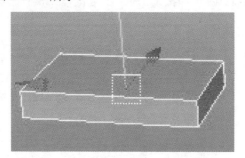

图 3-7-47 创建立方体并改变其形状

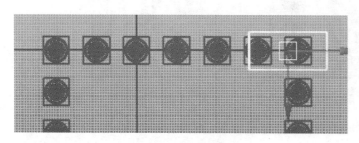 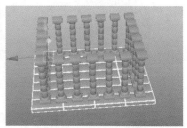

图 3-7-48 立方体放置图　　　　　　　图 3-7-49 神殿地板效果

02 制作 3 层台阶，每一层需要比上面一层更加宽大、突出，此处采取将第一层台阶复制再放大的方法制作第二层、第三层台阶，如图 3-7-50 所示。台阶最终效果如图 3-7-51 所示。

项目 3　多边形建模

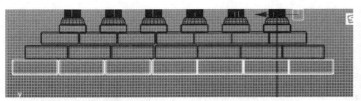
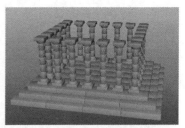

图 3-7-50　复制并排列台阶　　　　　　　图 3-7-51　台阶最终效果

第 6 步　制作神殿顶部装饰

01　创建立方体并进行搭建，如图 3-7-52 所示。将第一层架在柱头上方，注意这一层边缘要略小于柱头的顶端，如图 3-7-53 所示。

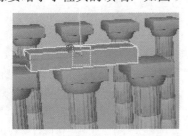

图 3-7-52　创建立方体并进行搭建效果　　　图 3-7-53　立方体放置效果

02　创建中间一层，即带有浮雕的一层。这层的大小与第一层相同，并且会有少许的结构性装饰，应先把这一层砖块的位置放好。创建 3 个立方体，将其拉成竖长形状，在顶部加入一个横向的立方体作为局部装饰，如图 3-7-54 所示。

03　将这 4 个立方体放入一个组中，并将组进行命名为 group decoration，调整组物体的大小，并按住 C 键将组移动到顶层砖块处，摆放好装饰物。对装饰物进行复制、旋转，将装饰物放置在屋顶外侧，如图 3-7-55 所示。

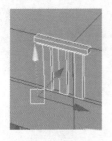

图 3-7-54　立方体组合创建　　　　　　　图 3-7-55　放置装饰物

第 7 步　制作屋顶

创建一个圆柱体，修改其"轴向细分数"为 3，使圆柱体变成三角形，如图 3-7-56 所示。再对三角形进行调整，如图 3-7-57 和图 3-7-58 所示。对三角形的前后面执行"挤出"命令，效果如图 3-7-59 所示，再挤出一个向内的空间。将三角形缩放至合适大小后放置在顶部，并复制 4 份相同的三角形，如图 3-7-60 所示。至此完成神殿模型的制作，最终效果如图 3-7-2 所示。

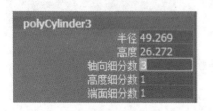

图 3-7-56　圆柱体参数设置　　　图 3-7-57　调整设置　　　图 3-7-58　三角形调整后效果

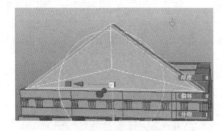

图 3-7-59　三角形挤出效果　　　　　　　图 3-7-60　复制三角形效果

任务 3.8 "软选择"工具的应用——制作琵琶模型

◎ 任务目的

以图 3-8-1 为参照，制作如图 3-8-2 所示的琵琶模型。通过本任务的学习，读者应熟悉并掌握琵琶模型多边形建模的方法与技巧，以及"软选择"工具的应用方法。

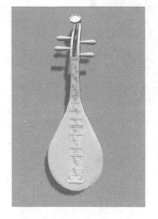

图 3-8-1　琵琶实物参照　　　　　　　图 3-8-2　琵琶模型效果

项目 3　多边形建模

相关知识

本任务利用"CV 曲线工具"命令与"软选择"复选框来完成模型的创建。利用"CV 曲线工具"命令可以方便地创建一些形状比较多变的模型，也可以绘制想要的曲线，执行"挤出"命令，得到想要的模型。CV 曲线的曲线次数越高，曲线越平滑。在需要对一个范围进行快速调整时，通常只需按 B 键，就可以进入"软选择"模式，并且可以在按住 B 键的同时利用鼠标左键来调整软选择范围，以快速调整模型的形体。

任务实施

技能点拨：①使用球体得出琵琶的大体形态；②使用"挤出"命令按照绘制的曲线挤出琵琶琴头的形状；③使用多边形基本体配合"挤出"和"复制"命令制作琵琶的配件；④对模型进行最终调整，完成模型的制作。

视频：制作琵琶模型

实施步骤

第 1 步　制作琵琶主体

01　打开 Maya 2015 中文版，执行"创建"→"多边形基本体"→"球体"命令，在视图中创建一个球体，如图 3-8-3 所示，在"通道盒"中进行如图 3-8-4 所示的设置。

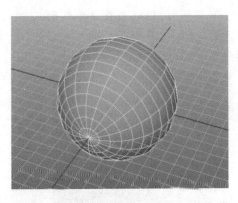

图 3-8-3　创建琵琶模型的基本球体

图 3-8-4　球体参数设置

02　进入模型的"边"级别，在顶视图中选择球体一半的边线，如图 3-8-5 所示，并将其删除。

03　进入模型的"面"级别，选择半球体顶部的一个面，如图 3-8-6 所示。

04　双击"移动工具"，在打开的"移动工具"面板中勾选"软选择"复选框，并设置"衰减模式"为表面、"衰减半径"为 3.79，在"衰减曲线"区域通过单击增加几个点，将"插值"设置为线性，如图 3-8-7 所示。

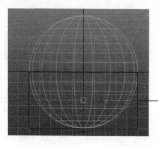

图 3-8-5　选择要删除的边

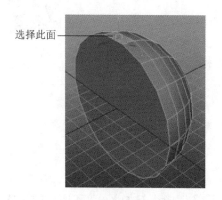

图 3-8-6　选择顶部的一个面

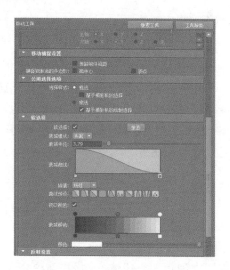

图 3-8-7　"移动工具"面板

05　使用"移动工具"将半球体顶部的面沿 Y 轴进行移动，如图 3-8-8 所示。执行"编辑网格"→"挤出"命令，将选择的面挤出，效果如图 3-8-9 所示。

图 3-8-8　移动半球体顶部的面

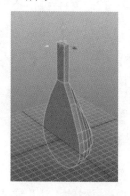

图 3-8-9　挤出面效果

第 2 步　制作琵琶琴头

01　执行"创建"→"多边形基本体"→"立方体"命令，在场景中创建一个立方体并调整，如图 3-8-10 所示。

02 将视图切换到右视图,执行"创建"→"CV 曲线工具"命令,绘制一条如图 3-8-11 所示的 CV 曲线。

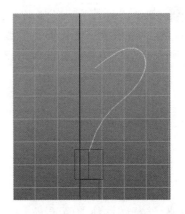

图 3-8-10 创建立方体并调整　　　　　　图 3-8-11 绘制 CV 曲线

03 选择之前创建的立方体模型,进入模型的"面"级别,选择顶部两侧的面,再按住 Shift 键选择绘制的 CV 曲线,执行"编辑网格"→"挤出"命令,并在"通道盒"中调整参数,如图 3-8-12 所示。模型效果如图 3-8-13 所示。

图 3-8-12 参数调整　　　　　　　　　图 3-8-13 模型效果

04 执行"创建"→"多边形基本体"→"圆柱体"命令,在场景中创建一个圆柱体,并在"通道盒"中调整其参数设置,如图 3-8-14 所示。进入圆柱体的"顶点"级别,框选环形的段数点,并进行合理的缩放,做出琵琶的卷弦器,如图 3-8-15 所示。选择卷弦器模型,执行"编辑"→"复制"命令,将卷弦器复制 3 份,并利用"旋转工具"进行位置和方向调整,效果如图 3-8-16 所示。

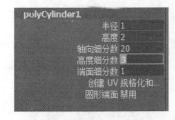

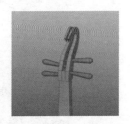

图 3-8-14 圆柱体参数调整(一)　　图 3-8-15 卷弦器模型　　图 3-8-16 卷弦器模型最终效果

第 3 步　制作琵琶配件

01　执行"创建"→"多边形基本体"→"圆柱体"命令，在场景中再次创建一个圆柱体，在"通道盒"中设置其参数，如图 3-8-17 所示。使用"移动工具"将调整好的圆柱体移动到合适的位置，如图 3-8-18 所示。

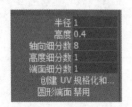　　　　

图 3-8-17　圆柱体参数调整（二）　　　　图 3-8-18　圆柱体位置示意

02　选择圆柱体前面的面，执行"编辑网格"→"挤出"命令，通过控制手柄将挤出的多边形调整成如图 3-8-19 所示的效果。重复执行几次"挤出"命令将该物体调整成如图 3-8-20 所示的效果。

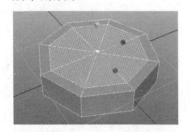　　　　

图 3-8-19　挤出多边形调整　　　　图 3-8-20　挤出多边形最终效果

03　执行"创建"→"多边形基本体"→"圆柱体"命令，在场景中再次创建一个圆柱体，并使用"缩放工具"调整其大小，制作出琵琶琴枕的模型。使用"移动工具"将其移动到合适的位置。利用"编辑"→"复制"命令和"缩放工具"制作长度不一的琵琶琴枕，如图 3-8-21 所示。

04　执行"网格"→"创建多边形工具"命令，在前视图中绘制琵琶琴码的多边形路径，如图 3-8-22 所示。绘制完成后按 Enter 键结束。

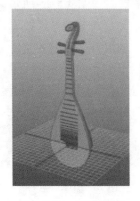　　　　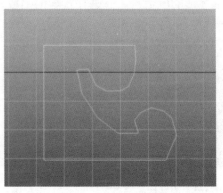

图 3-8-21　琵琶琴枕　　　　图 3-8-22　绘制多边形路径

05 进入琵琶琴码的"面"级别,选择琵琶琴码的面,执行"编辑网格"→"挤出"命令,并通过控制手柄将多边形调整成如图 3-8-23 所示的效果。

06 选择琵琶琴码模型,执行"网格"→"镜像切图"命令,并将控制手柄移动到接近中线的位置,这样就对称地复制出了琵琶琴码的另外一半,并且其已经与原来的一半很好地连接在一起,如图 3-8-24 所示。

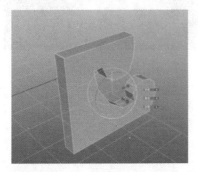

图 3-8-23 挤出并调整琵琶琴码

图 3-8-24 镜像切图效果

07 执行"创建"→"多边形基本体"→"圆柱体"命令,创建一个圆柱体作为琵琶的琴弦,使用"缩放工具"和"移动工具"将其移动到合适的位置,将琴弦复制 3 份,并合理摆放,如图 3-8-25 所示。

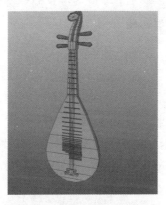

图 3-8-25 琴弦

08 对模型进行最终调整。至此完成琵琶模型的制作,最终效果如图 3-8-2 所示。

任务 3.9 "结合"命令的应用——制作骰子模型

◎ 任务目的

以图 3-9-1 为参照,制作如图 3-9-2 所示的骰子模型。通过本任务的学习,读者应掌握"结合"命令的功能及使用方法,熟悉并掌握骰子模型多边形建模的方法与技巧。

图 3-9-1　骰子实物参照　　　　　　　　图 3-9-2　骰子模型效果

任务实施

技能点拨：①在场景中创建一个立方体，使用"平滑"命令对立方体模型进行圆滑操作；②在场景中创建并复制球体模型，调整好球体的大小和位置；③将所有球体合并为一个整体，删除所有模型的历史记录，再执行布尔运算；④使用"填充洞"命令修补布尔运算产生的"破洞"，完成模型的制作。

视频：制作骰子模型

实施步骤

第 1 步　创建立方体

01　打开 Maya 2015 中文版，执行"创建"→"多边形基本体"→"立方体"命令，或在工具架的"多边形"选项卡中单击"立方体"按钮，通过拖动在视图中创建一个立方体，如图 3-9-3 所示。在"通道盒"中对立方体的参数进行调整，如图 3-9-4 所示。立方体参数调整后的效果如图 3-9-5 所示。

02　选择立方体模型，执行"网格"→"平滑"命令，如图 3-9-6 所示，平滑后效果如图 3-9-7 所示。

03　在"通道盒"中设置平滑的"分段"数为 2，如图 3-9-8 所示，效果如图 3-9-9 所示。

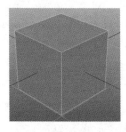

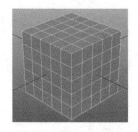

图 3-9-3　创建立方体　　　　图 3-9-4　立方体参数调整　　　图 3-9-5　立方体参数调整后的效果

项目 3　多边形建模

图 3-9-6　执行"平滑"命令

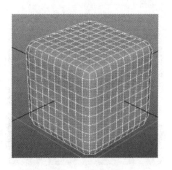

图 3-9-7　平滑后效果

图 3-9-8　设置分段数

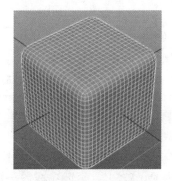

图 3-9-9　分段效果

第 2 步　制作骰子凹槽

01　执行"创建"→"多边形基本体"→"球体"命令，创建一个球体模型，如图 3-9-10 所示。在"通道盒"中将球体的"缩放 X""缩放 Y""缩放 Z"设置为 0.1，设置"平移 Y"为 0.53，如图 3-9-11 所示。设置完成后立方体效果如图 3-9-12 所示。

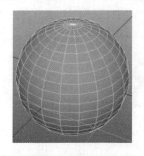

图 3-9-10　创建球体模型

图 3-9-11　球体参数设置

图 3-9-12　设置完成后立方体效果

02　选择球体模型，执行"编辑"→"复制"命令，或 Ctrl+D 组合键进行复制，使用"移动工具"将复制的 20 份球体摆放到合适的位置，如图 3-9-13 所示。

03　选择所有球体模型，执行"网格"→"结合"命令，将这些球体合并为一个整体，如图 3-9-14 所示。

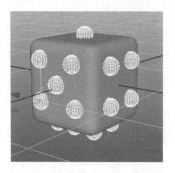
图 3-9-13 复制球体并放置

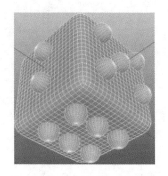
图 3-9-14 球体合并

> **小贴士**
>
> "结合"命令可以将选择的两个或多个网格组合到单个多边形网格中,一旦多个多边形被组合到同一网格中,就只能在两个单独的网格壳之间执行编辑操作。

04 选择立方体和所有球体模型,执行"编辑"→"按类型删除"→"历史"命令,删除模型的历史记录。选择立方体模型,再选择球体模型,执行"网格"→"布尔"→"差集"命令。选择执行布尔运算后的球体模型,执行"网格"→"填充洞"命令,修补布尔运算产生的"破洞"。至此完成骰子模型的制作,最终效果如图 3-9-2 所示。

任务 3.10 "冻结"命令的应用——制作羽毛球模型

◎ 任务目的

以图 3-10-1 为参照,制作如图 3-10-2 所示的羽毛球模型。通过本任务的学习,读者应熟悉并掌握羽毛球模型多边形建模的方法与技巧,以及"冻结"命令的使用方法。

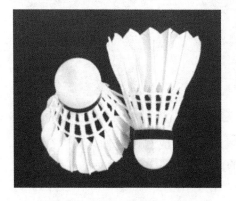
图 3-10-1 羽毛球实物参照

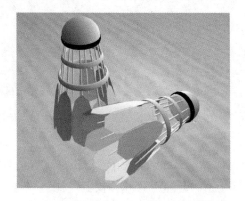
图 3-10-2 羽毛球模型效果

任务实施

技能点拨：①创建球体并调整，制作球头模型；②制作彩带；③制作羽毛；④制作圆环；⑤对模型进行最终调整，完成模型的制作。

视频：制作羽毛球模型

实施步骤

第 1 步　创建球头模型

01　打开 Maya 2015 中文版，执行"创建"→"多边形基本体"→"球体"命令，在视图中创建一个球体，如图 3-10-3 所示。在"通道盒"中对球体的参数进行调整，如图 3-10-4 所示。参数修改后球体效果如图 3-10-5 所示。

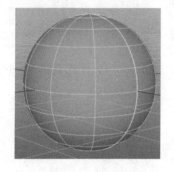
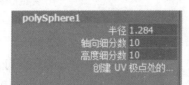
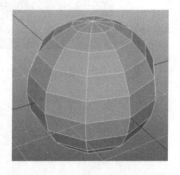

图 3-10-3　创建球体　　　图 3-10-4　球体参数设置　　　图 3-10-5　参数修改后球体效果

02　选择球体，进入球体的"顶点"级别，框选球体上半部分的点进行缩放，将球体模型调整至如图 3-10-6 所示效果。

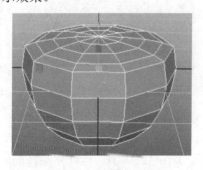

图 3-10-6　缩放球体模型

第 2 步　制作彩带

01　进入模型的"面"级别，选择模型的面，如图 3-10-7 所示，执行"编辑网格"→"复制面"命令，对面进行复制，如图 3-10-8 所示。

02　选择复制的面，如图 3-10-9 所示，执行"挤出"命令，对复制面进行挤出操作，如图 3-10-10 所示，调整挤出面的位置和大小，如图 3-10-11 所示，得到彩带。

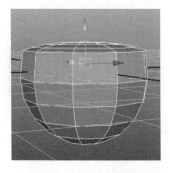
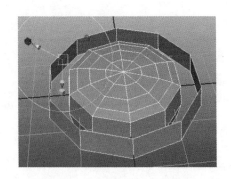

图 3-10-7　选择模型的面　　　　　　　　图 3-10-8　复制选择的面

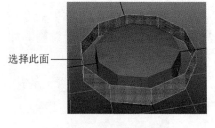
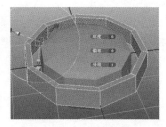

图 3-10-9　选择复制的面　　　　图 3-10-10　挤出所选复制面　　　　图 3-10-11　调整位置和大小

第 3 步　制作羽毛

01　在工具架的"多边形"选项卡中单击"多边形平面"按钮，创建一个面，如图 3-10-12 所示，在"通道盒"中修改该面的参数，如图 3-10-13 所示，修改参数后的效果如图 3-10-14 所示。

图 3-10-12　创建面　　　　图 3-10-13　修改面的参数　　　　图 3-10-14　修改参数后的效果

02　进入"点"级别，将面的形状调整为如图 3-10-15 所示的形状，并将其进行缩放，放置于合适的位置，如图 3-10-16 所示。调整羽毛和杆的位置，选择羽毛并加选杆，按 P 键，使其产生父子约束，如图 3-10-17 所示，这样移动杆的同时羽毛也会随之移动。选择杆，按住 D 键，将轴心移至底端，如图 3-10-18 所示。将羽毛插在球头上，并调整"旋转 Y 轴"参数值，使其旋转一定的角度。选择羽毛，执行"修改"→"冻结"命令，适当调整羽毛的 X 轴参数值，效果如图 3-10-19 所示。为羽毛模型作相同的变换复制，选择羽毛，按 Ctrl+G 组合键，使模型成组，如图 3-10-20 所示，按 Shift+D 组合键复制羽毛，并沿 Y 轴旋转 30°，如图 3-10-21 所示。再次按 Shift+D 组合键，系统会延续上次的操作并进行复制，即新复制得到的羽毛都会围绕着中心轴旋转 30°，最终效果如图 3-10-22 所示。

项目3 多边形建模

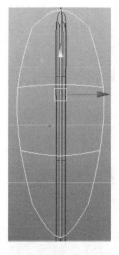  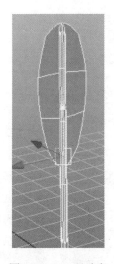 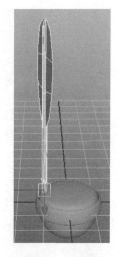

图 3-10-15 调整面的形状　　图 3-10-16 面的缩放与放置　　图 3-10-17 羽毛和杆的父子约束　　图 3-10-18 移动轴心

图 3-10-19 羽毛调整效果　　图 3-10-20 模型成组　　图 3-10-21 复制羽毛　　图 3-10-22 羽毛最终效果

小贴士

"冻结"命令是一个很常用的基础命令，可以将选择对象上的当前变换调整为对象的零位置。

第4步　制作圆环

01　在工具架的"多边形"选项卡中单击"圆环"按钮，创建一个圆环，将其摆放到合适的位置，如图 3-10-23 所示。在"通道盒"中设置圆环的参数，如图 3-10-24 所示。

02　把圆环放置在合适的位置并选择圆环，如图 3-10-25 所示，进入圆环的"点"级别，调整其形状，如图 3-10-26 所示。

图 3-10-23 创建圆环

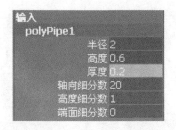
图 3-10-24 圆环参数设置

图 3-10-25 圆环放置与选择

图 3-10-26 调整圆环形状

03 复制另一个圆环，放置在第一个圆环的上面，并稍作形状上的调整。制作完成第一个羽毛球后，对其进行复制，得到两个羽毛球。对这两个羽毛球进行调整，至此完成羽毛球模型的制作，最终效果如图 3-10-2 所示。

项目 4　材质贴图

◎ **项目导读**

　　材质功能可以在 3D 模型上模拟真实世界中物体的质感。在 3D 模型上要想模拟真实世界中物体的质感，必须注意两方面的因素：一是物体本身外观质感的实现；二是周围环境及灯光对物体的影响。

　　在 Maya 软件中，不同的材质类型可以模拟出不同物体的质感。在利用 Maya 模拟物体质感时，除了要对真实世界中物体本身的物理属性有所认识外，还要理解物体在环境中产生的物理变化。材质，简言之就是物体是什么质地的，材质可以看作材料和质感的结合。材质属性是物体表面的色彩、纹理、光滑度、透明度、反射率、折射率、发光度、凹凸、自发光等物理属性，所以当材质创建出来以后，为了达到理想的效果，必须对其属性进行调节。

　　Maya 中的材质类型通过连接纹理节点与工具节点产生最终效果，在其纹理节点内有 2D 纹理（2D Textures）与 3D 纹理（3D Textures）两种方式。其中，2D 纹理用于模拟各种曲面材质类型的 2D 图案，该图案可以是一个图像文件，也可以是一个计算机图形程序。3D 纹理可以大幅度提高 3D 图像的真实性，使用 3D 纹理可以减少纹理衔接错误、实时生成剖析截面显示图，且可以产生更真实的、烟、火及其他动画效果，同时，其可以模拟移动光源产生的自然光影等效果。纹理同样有自身的控制属性，选择纹理后双击，或使用 Ctrl+A 组合键可以打开纹理的控制属性。在 Maya 中所有物体都是由节点构成的，节点可以理解为一个特定功能的程序块，其中包含特有的各种输入属性、输出属性。

　　本项目将主要对材质系统进行介绍。

◎ **学习目标**

- 掌握 Hypershade（材质编辑器）的使用方法。
- 掌握节点的连接方法。
- 掌握运用材质、节点的连接及参数调整模拟各类材质效果的方法。

◎ **思政目标**

- 树立正确的学习观、价值观，自觉践行行业道德规范。
- 牢固树立质量第一、信誉第一的强烈意识。
- 遵规守纪，团结协作，爱护设备，钻研技术。
- 感受动画之美，发扬一丝不苟、精益求精的工匠精神。

任务 4.1 制作 X 光射线透明效果——多彩荷花

◎ 任务目的

利用图 4-1-1 所示模型，制作如图 4-1-2 所示的多彩荷花效果。通过本任务的学习，读者应掌握简单的"lambert"材质、"ramp"（渐变）节点、"samplerInfo"（采样器信息）节点的应用方法，并通过调整参数模拟真实的 X 光射线透明效果。

图 4-1-1　多彩荷花模型

图 4-1-2　多彩荷花最终效果

相关知识

"lambert"材质类型不包括任何镜面属性，如高光、反射、折射等。该材质的特点是不具有光滑的曲面效果，主要用于模拟粉笔、木头、岩石等粗糙的材质。

"ramp"节点用渐变的色彩作为贴图的纹理。

"samplerInfo"节点可以提供关于曲面每个点的实际信息，再以所提供的信息取样或计算后进行渲染。此节点可以提供点在空间中的位置、方向、切线等相应的信息，还可以提供摄影机的位置信息。

任务实施

技能点拨：①创建"lambert"材质、"ramp"节点、"samplerInfo"节点；②将"samplerInfo"节点的"facingRatio"与"ramp"节点的"uvCoord"下的"vCoord"进行连接；③将"ramp 1"节点与材质的"透明度"属性连接，将"ramp 2"节点与材质的"白炽度"属性连接，并修改各自的颜色属性；④将材质赋予模型，并渲染。

视频：制作多彩荷花

实施步骤

第1步　创建摄影机

01 打开 Maya 2015 中文版，执行"文件"→"打开场景"命令，打开本任务的场景文件。

02 执行"创建"→"摄影机"→"摄影机"命令，在场景中创建一架摄影机。

03 在"视图"菜单中执行"面板"→"沿选定对象观看"命令，在摄影机视图中观看场景，并将模型在摄影机视图中摆放到合适的位置。

第2步　制作材质

01 执行"窗口"→"渲染编辑器"→"Hypershade"命令，如图4-1-3所示，打开"Hypershade"窗口，在"创建"面板创建一个"lambert"材质、一个"ramp"节点、一个"samplerInfo"节点，效果如图4-1-4所示。

图4-1-3　执行"Hypershade"命令　　　　图4-1-4　创建材质与节点效果

02 用鼠标中键拖动"samplerInfo"节点到"ramp"节点上，在弹出的菜单中选择"其他"命令，如图4-1-5所示，打开"连接编辑器"窗口，将"samplerInfo"节点的"facingRatio"与"ramp"节点的"uvCoord"下的"vCoord"进行连接，如图4-1-6所示。

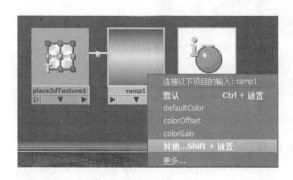 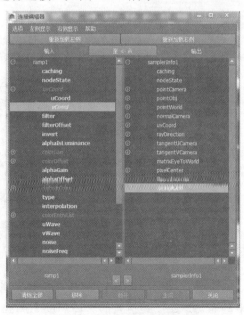

图4-1-5　弹出菜单　　　　图4-1-6　"连接编辑器"窗口

03 双击"lambert"材质,打开"属性编辑器"面板(图 4-1-7),将"ramp 1"节点(用鼠标中键拖动)连接到材质的"透明度"属性上,节点连接效果如图 4-1-8 所示。

04 双击"ramp 1"节点,打开"属性编辑器"面板,将渐变色由原来的蓝、绿、红三色(图 4-1-9),修改为由白色到黑色的渐变,如图 4-1-10 所示。

图 4-1-7 "属性编辑器"面板

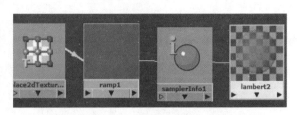

图 4-1-8 节点连接效果

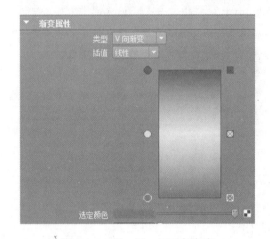

图 4-1-9 蓝、绿、红三色渐变

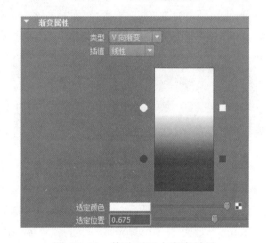

图 4-1-10 修改后黑白渐变效果

05 选择"ramp 1"节点,在"Hypershade"窗口中,执行"编辑"→"复制"→"着色网络"命令,对"ramp 1"节点进行复制,产生"ramp 2"节点,效果如图 4-1-11 所示。

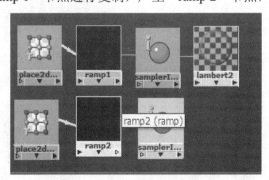

图 4-1-11 复制着色网络效果

06 双击"lambert"材质,打开"属性编辑器"面板,将"ramp 2"节点(利用鼠标中键拖动)连接到材质的"白炽度"属性上,如图 4-1-12 所示,"ramp 2"节点连接后效果如图 4-1-13 所示。

07 双击"ramp 2"节点,打开"属性编辑器"面板,将原来的由白色到黑色的渐变效果,调整为由黑色到橙色的渐变效果,如图 4-1-14 所示。

08 调整材质的其他属性,如图 4-1-15 所示。

图 4-1-12 "白炽度"属性连接

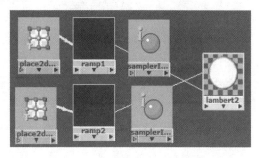

图 4-1-13 "渐变 2"节点连接后效果

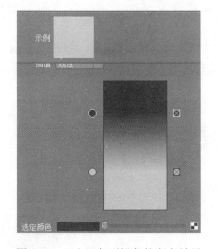

图 4-1-14 由黑色到橙色的渐变效果

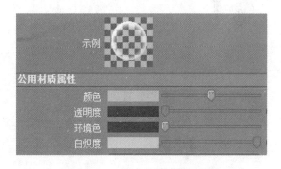

图 4-1-15 材质球其他属性调整

09 在状态行中单击"渲染当前帧"按钮，渲染视图,最终效果如图 4-1-2 所示。

> **小贴士**
>
> 多彩颜色的制作只需复制材质及其节点,并对其颜色进行修改即可。

任务 4.2　制作双面材质——游戏卡牌

◎ 任务目的

利用图 4-2-1 所示模型,制作如图 4-2-2 所示的游戏卡牌效果。通过本任务的学习,读者应掌握"phong"(双面)材质的使用方法,能够通过"file"(文件)节点、"samplerInfo"节点及"条件"节点的应用,制作逼真的游戏卡牌双面效果。

图 4-2-1　游戏卡牌模型

图 4-2-2　游戏卡牌最终效果

相关知识

在 Maya 中，如果同一个模型上有多种材质，可以分别选择各面，并赋予其相应的材质。在"Hypershade"窗口中，如果查看其他材质，就会发现同一个模型上有多种材质，称为多维子对象材质，不同的材质使用不同的材质 ID 号进行标示。

"phong"材质是一种比较有用的材质，可以用来制作扑克牌、花瓣、书本等。"phong"材质类型有明显的高光区，用于模拟表面具有很强的高光的物体，适用于湿滑的、具有光泽的物体，如水、玻璃、塑胶等材质。

"file"节点是指将计算机中的贴图导入其中，用作纹理。

"condition"节点可以根据相应的条件产生相应的颜色值，其中主要有 firstTerm（第一项）、secondTerm（第二项）、operation（操作）、colorIfTure（判断真输出颜色）、colorIfFlase（判断假输出颜色）属性。

任务实施

视频：制作游戏卡牌

技能点拨：①创建"phong"材质、"condition"节点、"samplerInfo"节点、"file"节点（2 个）；②将"samplerInfo"节点的"fippedNormal"属性与"condition"节点的"firstTerm"属性连接；③将"file1"节点与"condition"节点的"colorIfFlase"属性连接，将"file 2"节点与"condition"节点的"colorIfTure"属性连接；④将"condition"节点与"phong"材质的"颜色"属性连接；⑤将"phong"材质赋予模型，并渲染。

实施步骤

第 1 步　创建 UV 映射

01　打开 Maya 2015 中文版，执行"文件"→"打开场景"命令，打开本任务的场景文件，如图 4-2-1 所示。

02　选择 poker 模型，单击"创建 UV"→"平面映射"命令后面的按钮，如图 4-2-3 所示，打开"平面映射选项"窗口。设置"投影源"为 Y 轴，单击"投影"按钮，如图 4-2-4 所示。

图 4-2-3 "创建 UV"菜单

图 4-2-4 "平面映射选项"窗口

03 执行"窗口"→"UV 纹理编辑器"命令，打开"UV 纹理编辑器"窗口，可以看到模型已经映射成功了，如图 4-2-5 和图 4-2-6 所示。

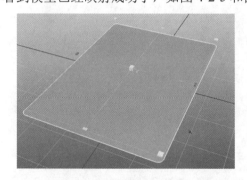
图 4-2-5 模型映射

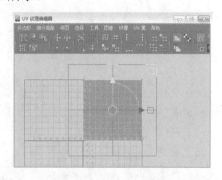
图 4-2-6 映射后"UV 纹理编辑器"窗口的显示

第 2 步 制作材质

01 执行"窗口"→"渲染编辑器"→"Hypershade"命令，打开"Hypershade"窗口，创建一个"phong"材质和两个"file"节点，效果如图 4-2-7 所示。

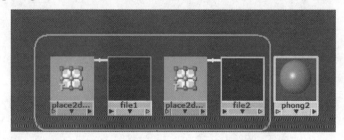
图 4-2-7 创建节点及材质效果

02 在"file 1"节点的"属性编辑器"面板中单击"图像名称"参数后面的"文件夹"按钮，打开"打开"对话框，导入"kabei.jpg"文件，如图 4-2-8 所示。

03 在"file 2"节点的"属性编辑器"面板中单击"图像名称"参数后面的"文件夹"按钮，打开"打开"对话框，导入"sizhesusheng.jpg"文件，如图 4-2-9 所示。

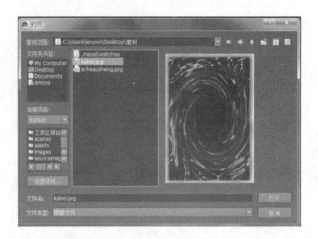

图 4-2-8　导入图片文件（一）

图 4-2-9　导入图片文件（二）

04　在"Hypershade"窗口中创建一个"condition"节点和一个"samplerInfo"节点，效果如图 4-2-10 和图 4-2-11 所示。

图 4-2-10　创建"condition"节点效果

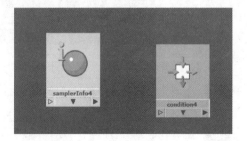

图 4-2-11　创建"samplerInfo"节点效果

05 使用鼠标中键将"samplerInfo"节点拖动到"condition"节点上，并在弹出的菜单中选择"其他"命令，打开"连接编辑器"窗口，将"samplerInfo"节点的"fippedNormal"属性连接到"condition"节点的"firstTerm"属性上，如图 4-2-12 和图 4-2-13 所示。

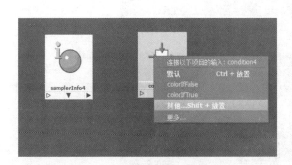
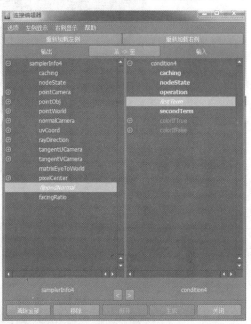

图 4-2-12　拖动节点弹出相应菜单　　　　图 4-2-13　节点属性连接

06 使用鼠标中键将"file 1"节点拖动到"condition"节点上，并在弹出的菜单中选择"colorIfFalse"命令，如图 4-2-14 所示。

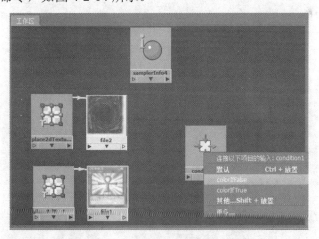

图 4-2-14　选择"colorIfFalse"命令

07 使用鼠标中键将"file 2"节点拖动到"condition"节点上，并在弹出的菜单中选择"colorIfTure"命令，如图 4-2-15 所示。最终节点连接效果如图 4-2-16 所示。

08 在"Hypershade"窗口中创建一个"phong"材质，将"condition"节点连接到"phong"材质球的"颜色"属性，效果如图 4-2-17 所示。

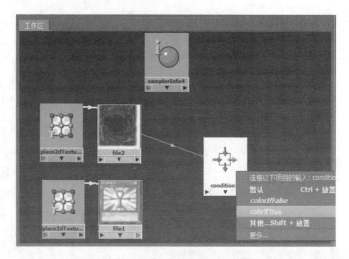

图 4-2-15　选择"colorIfTure"命令

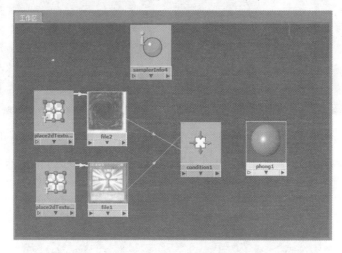

图 4-2-16　最终节点连接效果

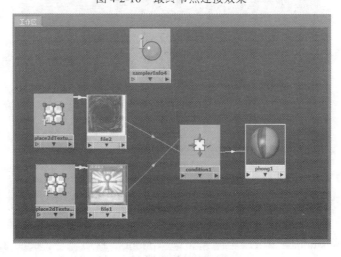

图 4-2-17　"颜色"属性连接效果（一）

第 3 步　渲染场景

按住鼠标右键将"phong"材质拖动到场景模型中，将"phong"材质赋予场景中的模型，并对场景进行渲染，如图 4-2-18 所示。可以看到扑克的正面已被渲染，将场景旋转到扑克的背面，并对场景进行渲染，可以看到扑克的背面也已被渲染。

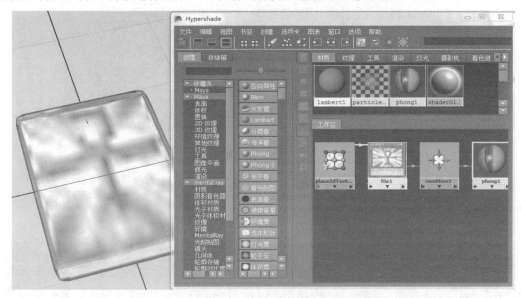

图 4-2-18　将材质赋予模型

第 4 步　丰富场景

01 选择卡片模型，按 Ctrl+D 组合键将其复制一份，使用"移动工具"和"旋转工具"对复制出来的模型进行摆放，如图 4-2-19 所示。

02 执行"创建"→"多边形基本体"→"平面"命令，在场景中创建一个平面，并使用"移动工具"将平面移动到卡片模型下面，作为地面，如图 4-2-20 所示。

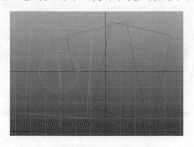

图 4-2-19　复制并摆放模型

图 4-2-20　创建平面并移动

03 在"Hypershade"窗口中创建一个"blinn"材质和一个"file"节点，如图 4-2-21 所示。

04 在"file"节点的"属性编辑器"面板中，单击"图像名称"后面的"文件夹"按钮，导入图片，如图 4-2-22 所示。

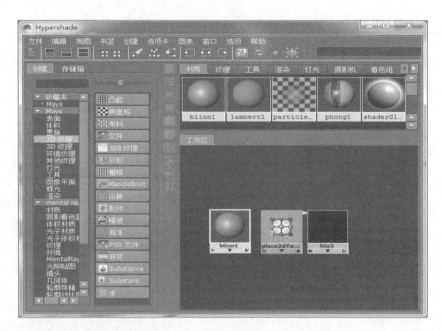

图 4-2-21　创建材质及节点

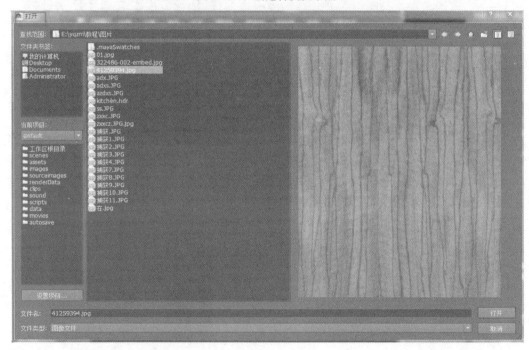

图 4-2-22　导入图片

05　将"file"节点连接到"blinn"材质的"颜色"属性,如图 4-2-23 所示。

06　在"Hypershade"窗口中选择"blinn"材质,按住鼠标右键将"blinn"材质赋予场景中的地面模型,如图 4-2-24 所示。

项目4 材 质 贴 图

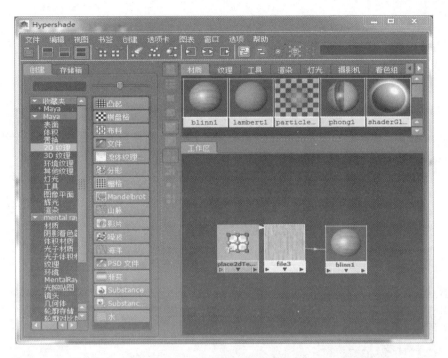

图 4-2-23 "颜色"属性连接（二）

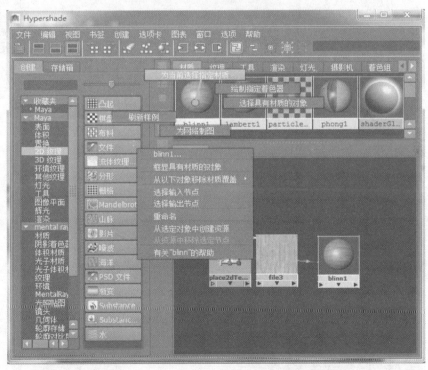

图 4-2-24 将材质赋予地面模型

07 为场景创建简单的灯光，最终效果如图 4-2-2 所示。

任务 4.3 制作金属材质——金属摆件

◎ 任务目的

利用图 4-3-1 所示模型,制作图 4-3-2 所示的金属摆件效果。通过本任务的学习,读者应熟悉并掌握金属材质的应用方法与技巧。

图 4-3-1 金属摆件模型

图 4-3-2 金属摆件最终效果

任务实施

技能点拨:①打开场景文件并分析场景;②使用"phong"材质制作金属材质;③为场景增加环境球,模拟渲染环境;④创建灯光并设置灯光参数,设置渲染参数并进行最终渲染。

视频:制作金属摆件

实施步骤

第 1 步　打开场景文件

01　打开 Maya 2015 中文版,执行"文件"→"打开场景"命令,打开本任务的场景文件,如图 4-3-3 所示。

02　执行"窗口"→"大纲视图"命令,打开"大纲视图"窗口,可以观察到场景中有两个模型,如图 4-3-4 所示。

图 4-3-3 打开场景文件

图 4-3-4 "大纲视图"窗口

第 2 步　制作材质

01 执行"窗口"→"渲染编辑器"→"Hypershade"命令，打开"Hypershade"窗口，创建一个"phong"材质，如图 4-3-5 所示。

图 4-3-5　创建"phong"材质

02 双击"phong"材质，打开其"属性编辑器"面板，将名称修改为 metal，并设置颜色为"H"40，"S"0.5，"V"0.1，如图 4-3-6 所示。接着设置材质的"环境色"为"H"2，"S"0.35，"V"0.03，如图 4-3-7 所示。

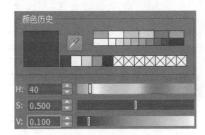 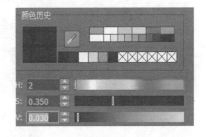

图 4-3-6　颜色参数设置（一）　　　　　图 4-3-7　颜色参数设置（二）

03 展开"镜面反射着色"选项组，设置"余弦幂"为 92.829，将"镜面反射颜色"设置为白色，将"反射率"设置为 0.732，如图 4-3-8（a）所示。展开"光线跟踪选项"选项组，设置"反射限制"为 6，如图 4-3-8（b）所示。

 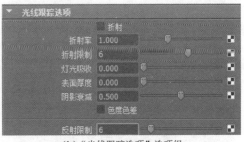

（a）"镜面反射着色"选项组　　　　　　（b）"光线跟踪选项"选项组

图 4-3-8　相关内容设置

04 将"metal"材质赋予场景中的模型,至此金属材质制作完成。

05 在状态行中单击"渲染设置"按钮,在打开的"渲染设置"窗口中将渲染器调整为 mental ray,并渲染当前视图,如图 4-3-9 所示。此时,金属材质的效果并没有达到要求,只是具备了基本的反射效果,如图 4-3-10 所示。

06 在"Hypershade"窗口中再次创建一个"phong"材质,并将该材质命名为 floor。

07 单击"floor"材质"颜色"后面的按钮,如图 4-3-11 所示,在打开的对话框中选择"file"节点。

08 在"file"节点的"属性编辑器"面板中单击"图像名称"参数后面的"文件夹"按钮,如图 4-3-12 所示,打开"打开"对话框,导入"41259394.jpg"文件,如图 4-2-22 所示。

图 4-3-9 渲染设置

图 4-3-10 渲染效果

图 4-3-11 单击"颜色"后面的按钮

图 4-3-12 选择并导入文件

09 选择"floor"材质,在"属性编辑器"面板中的"镜面反射着色"选项组中设置"余弦幂"为 20,"镜面反射颜色"为灰色,"反射率"为 0.5。在"光线跟踪选项"选项组中设置"折射限制"为 6,如图 4-3-13 所示。

10 将"floor"材质赋予场景中的模型,此时材质节点如图 4-3-14 所示。

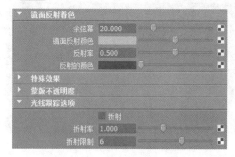
图 4-3-13 设置相应属性

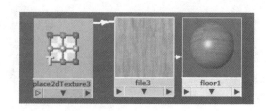
图 4-3-14 材质节点(一)

11 再次对场景进行渲染,此时可以看到金属材质已经反射出地板的效果了,如图 4-3-15 所示。

图 4-3-15 渲染效果

第 3 步 设置渲染环境

01 执行"创建"→"多边形基本体"→"球体"命令,在场景中创建一个球体,使用"缩放工具"调整球体的大小,使球体包裹住整个场景,如图 4-3-16 所示。

02 在"Hypershade"窗口中创建一个"surfaceShader"(表面着色器)材质和一个"file"节点,效果如图 4-3-17 所示。

03 在"file"节点的"属性编辑器"面板中单击"图像名称"后面的"文件夹"按钮,导入"kitchen.hdr"文件,如图 4-3-18 所示。将"file"节点连接到"surfaceShader"材质的"输出颜色"属性,此时材质节点如图 4-3-19 所示。

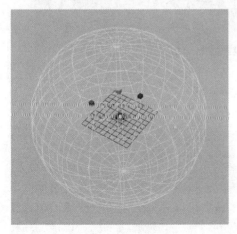

图 4-3-16 缩放球体

图 4-3-17 创建"surfaceShader"材质和"file"节点效果

图 4-3-18　导入"kitchen.hdr"文件　　　　图 4-3-19　材质节点（二）

04 将"surfaceShader"材质赋予场景中的球体模型。

05 再次对场景进行渲染，此时已经可以看到金属材质很好地反射出了周围的环境。最终效果如图 4-3-2 所示。

> **小贴士**
>
> 金属材质是一种在制作时和周围环境紧密结合的物质，它的反射和高光决定其属性特质。

任务 4.4　制作玻璃材质——玻璃杯组

◎ 任务目的

利用图 4-4-1 所示模型，使用"phong"材质并通过环境的模拟制作如图 4-4-2 所示的玻璃材质效果。通过本任务的学习，读者应熟悉并掌握玻璃材质的制作方法和材质参数调整的方法。

图 4-4-1　玻璃模型效果　　　　　　　　图 4-4-2　玻璃材质效果

相关知识

玻璃物体所包含的属性主要包括高光、发射、折射、投影等效果，完全透明的物体不会有自身固有的色彩。从艺术效果表现的角度来说，玻璃可以分为无色透明玻璃、无色磨砂玻璃、彩色透明玻璃、彩色磨砂玻璃。另外，还有一些特殊的玻璃，如教堂的彩色玻璃、高楼的幕墙等。制作过程中可以采用"blendColors"（混合颜色）节点将两个输入的值进行混合，使用蒙版决定两种材质在物体上的放置位置。

 任务实施

技能点拨：①打开文件并分析场景；②使用"phong"材质制作玻璃材质，并将其赋予场景中的模型；③创建一个环境球，并为其赋予一张 HDR 贴图，渲染场景；④使用"samplerInfo"节点和"blendColors"节点丰富玻璃材质；⑤设置渲染参数并进行最终渲染，完成模型的制作。

视频：制作玻璃杯组

实施步骤

第 1 步　打开场景文件

01　打开 Maya 2015 中文版，执行"文件"→"打开场景"命令，打开本任务的场景文件。

02　执行"窗口"→"大纲视图"命令，在"大纲视图"窗口中可以观察到场景内有 8 个模型物体和一架摄影机。

第 2 步　制作玻璃材质

01　执行"窗口"→"渲染编辑器"→"Hypershade"命令，打开"Hypershade"窗口，创建一个"phong"材质，如图 4-4-3 所示。

02　双击"phong"材质，打开"属性编辑器"面板，将材质的名称改为 glass 1，并将材质的"颜色"和"透明度"调整为纯白色，如图 4-4-4 所示。

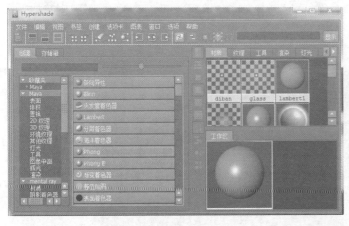
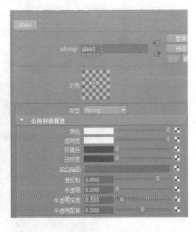

图 4-4-3　创建"phong"材质　　　　　图 4-4-4　修改材质的参数（一）

03　展开"镜面反射着色"选项组，将"余弦幂"参数调整为 154.634，再将"镜面反射颜色"设置为白色，最后将"反射率"设置为 0.154，如图 4-4-5 所示。

04　展开"光线跟踪选项"选项组，勾选"折射"复选框，并设置"折射率"为 1.54，设置"折射限制"为 9，设置"反射限制"为 3，如图 4-4-6 所示。

133

图 4-4-5　修改材质的参数（二）　　　图 4-4-6　修改材质的参数（三）

05 选择场景中的杯组模型，将 glass 1 材质赋予模型，如图 4-4-7 所示。

图 4-4-7　选择杯组模型

06 在状态行中单击"打开渲染视图"按钮，在打开的"渲染视图"窗口中将渲染器调整为 mental ray，并渲染当前视图，效果如图 4-4-8 所示。此时，玻璃材质还是漆黑一片，但是已经可以在酒瓶的底部和边缘看出折射效果了。

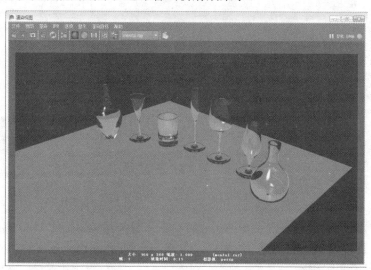

图 4-4-8　渲染当前视图效果

第 3 步 模拟渲染环境

01 执行"创建"→"多边形基本体"→"球体"命令，在场景中创建一个球体，使用"缩放工具"调整球体的大小，使其包裹住整个场景，如图 4-4-9 所示。

02 在"Hypershade"窗口中创建一个"file"节点和一个"surfaceShader"材质，效果如图 4-4-10 所示。

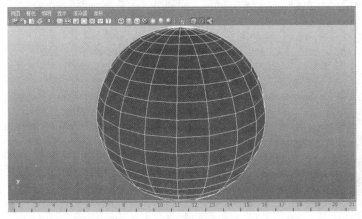
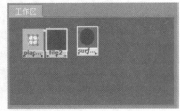

图 4-4-9 创建并调整球体大小　　　　图 4-4-10 创建节点和材质效果

03 在"file"节点的"属性编辑器"面板中单击"图像名称"参数后面的"文件夹"按钮，打开"打开"对话框，导入"实战 139>kitchen.hdr"文件。

04 在"file"节点的"颜色平衡"选项组中按照如图 4-4-11 所示的参数进行调整。

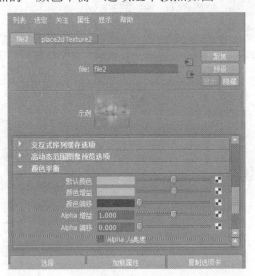

图 4-4-11 修改"颜色平衡"选项组的参数

05 将"file"节点连接到"surfaceShader"材质的"输出颜色"属性，效果如图 4-4-12 所示。

06 将"surfaceShader"材质赋予场景中的球体模型，如图 4-4-13 所示。

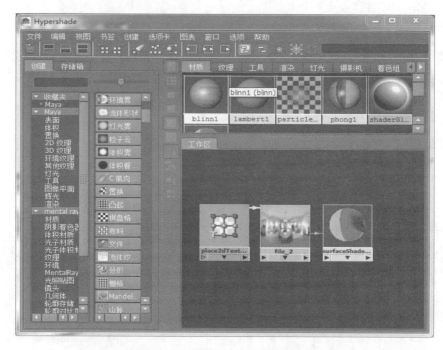

图 4-4-12 连接"file"节点与"surfaceShader"材质效果

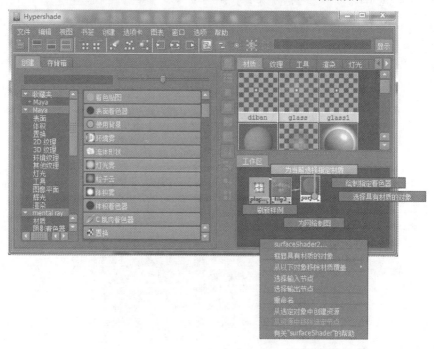

图 4-4-13 将"表面着色器"材质赋予场景模型

07 再次对场景进行渲染,此时已经可以看到玻璃材质很好地折射出了后面的环境,并且有充足的反射效果,如图 4-4-14 所示。

项目 4 材 质 贴 图

图 4-4-14 渲染效果

第 4 步 完善玻璃材质

01 在"Hypershade"窗口中创建一个"samplerInfo"节点和两个"blendColors"节点，如图 4-4-15 所示。

02 将"samplerInfo"节点的"facingRatio"属性连接到"blendColors 1"节点的"blender"属性，如图 4-4-16 所示。

03 使用同样的方法，将"samplerInfo"节点的"facingRatio"属性连接到"blendColors 2"节点的"blender"属性，如图 4-4-17 所示。

图 4-4-15 创建节点

图 4-4-16 连接节点属性（一）

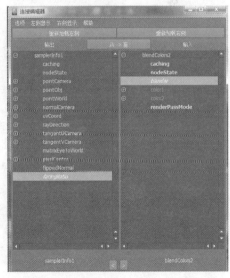

图 4-4-17 连接节点属性（二）

04 将"blendColors 1"节点连接到 glass 1 材质的"透明度"属性,如图 4-4-18 所示。

图 4-4-18 节点与材质的属性连接(一)

05 将"blendColors 2"节点的"outpuR"属性与 glass 1 材质的"reflectivity"属性连接,如图 4-4-19 所示。

06 选择"blendColors 1"节点,在"属性编辑器"面板中设置"颜色 1"为"H"0,"S"0,"V"0.9,再设置"颜色 2"为"H"0,"S"0,"V"0.85,如图 4-4-20 所示。

07 选择"blendColors 2"节点,在"属性编辑器"面板中设置"颜色 1"为"H"0,"S"0,"V"0.066,设置"颜色 2"为"H"0,"S"0,"V"0.215,如图 4-4-21 所示。

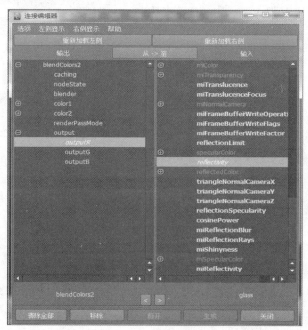

图 4-4-19 节点与材质的属性连接(二)

项目4 材质贴图

图 4-4-20　设置颜色（一）　　　　　　　　图 4-4-21　设置颜色（二）

 再次渲染场景，最终效果如图 4-4-2 所示。

任务 4.5　制作迷彩材质——抱枕

◎ 任务目的

利用图 4-5-1 所示模型，制作如图 4-5-2 所示的抱枕渲染效果。通过本任务的学习，读者应熟悉并掌握较复杂材质的综合应用方法与技巧。

图 4-5-1　抱枕模型效果　　　　　　　　图 4-5-2　抱枕渲染效果

任务实施

技能点拨：①打开场景文件并创建摄影机；②创建节点；③修改节点属性、创建材质；④将制作完成的材质赋予场景中的模型上。

视频：制作抱枕

实施步骤

第1步 创建摄影机

01 打开 Maya 2015 中文版,执行"文件"→"打开场景"命令,打开本任务的场景文件,如图 4-5-3 所示。

02 执行"创建"→"摄影机"→"摄影机"命令,在场景中创建一架摄影机。

03 在"视图"菜单中执行"面板"→"沿选定对象观看"命令,如图 4-5-4 所示。在摄像机视图中观看场景,并将抱枕模型在摄影机视图中摆放到合适的位置,如图 4-5-5 所示。

图 4-5-3 抱枕模型　　　图 4-5-4 执行"沿选定对象观看"命令　　　图 4-5-5 调整抱枕模型位置

第2步 制作迷彩材质

01 执行"窗口"→"渲染编辑器"→"Hypershade"命令,打开"Hypershade"窗口,在"创建"面板中选择"分形"命令,创建一个"分形"(fractal)节点,如图 4-5-6 所示。

02 选择"fractal"节点,双击该节点,或按 Ctrl+A 组合键,打开"属性编辑器"面板。在"分形属性"选项组中对参数进行修改,如图 4-5-7 所示。在"颜色平衡"选项组中,设置"比率"为 0.5,"频率比"为 20,"最高级别"为 15,"偏移"为 0.8,如图 4-5-8 所示,并设置"颜色偏移"为"H"120,"S"0.5,"V"0.7,如图 4-5-9 所示。

图 4-5-6 创建"fractal"节点　　　图 4-5-7 "分形属性"参数设置

图 4-5-8 修改参数　　　图 4-5-9 颜色参数设置

03 按 Ctrl+D 组合键复制"fractal"节点,产生"fractal 2"节点,如图 4-5-10 所示。打开"fractal"节点的"属性编辑器"面板,在"分形属性"选项组中对参数进行修改,勾选"已设置动画"复选框,设置"时间"为 15.4,如图 4-5-11 所示,并在"颜色平衡"选项组中设置"颜色偏移"为"H"27,"S"1,"V"0.4,如图 4-5-12 所示。最终两个"分形"节点的颜色显示如图 4-5-13 所示。

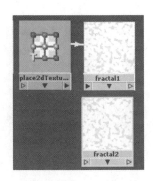

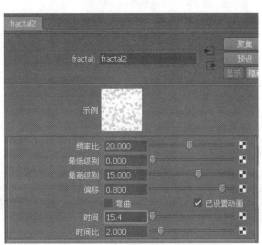

图 4-5-10 复制"fractal"节点　　　　图 4-5-11 修改参数

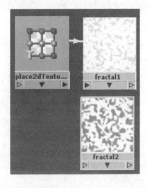

图 4-5-12 修改"颜色偏移"参数　　　图 4-5-13 最终两个"fractal"节点的颜色显示

04 在"Hypershade"窗口中再创建一个"layeredTexture"(分层纹理)材质,如图 4-5-14 和图 4-5-15 所示。

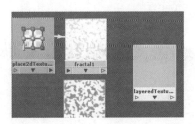

图 4-5-14 创建"layeredTexture"材质　　图 4-5-15 "layeredTexture"材质效果

> **小贴士**
> "layeredTexture"材质可使不同的材质相互层叠在一起,适合制作材质与材质之间叠加产生的特殊效果。

05 选择"layeredTexture"材质,打开"分层纹理属性编辑器"面板,使用鼠标中键将之前编辑的"fractal 1"和"fractal 2"节点拖动到"分层纹理属性"选项组中,并设置"混合模式"为相乘,如图 4-5-16 所示。

06 在"Hypershade"窗口中再创建一个"lambert"材质,如图 4-5-17 所示,并将"layeredTexture"节点连接到"lambert"材质的"颜色"属性,如图 4-5-18 所示。

图 4-5-16 设置"混合模式"　　图 4-5-17 创建"lambert"材质　　图 4-5-18 材质与节点连接

07 双击"place2dTexture1"节点,在其"属性编辑器"面板中设置"UV 向重复"为 5、5,如图 4-5-19 所示。

图 4-5-19 修改参数

08 在"Hypershade"窗口中将制作的材质赋予场景中的模型,并渲染,效果如图 4-5-2 所示。

制作格子布料效果——桌布

◎ **任务目的**

利用图 4-6-1 所示模型,制作如图 4-6-2 所示的桌布效果。通过本任务的学习,读者应掌握"lambert"材质、"ramp"节点的应用方法,并学会通过节点的连接、参数的调整模拟真实格子布料的效果。

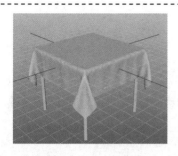
图 4-6-1　桌布模型

图 4-6-2　桌布最终效果

相关知识

布料材质在室内表现、角色制作、场景制作等许多领域中经常使用。本任务将采用"ramp"节点，用渐变的色彩作为贴图的纹理。该纹理可创建分级的色带，默认渐变纹理是蓝、绿、红。使用该纹理不仅可以创建不同的效果类型，如条纹、几何图样、斑驳的表面，还可以作为一个 2D 背景，或作为环境球纹理的源文件，用于模拟天空和地平线；或作为投射纹理的源文件，用于模拟木质、大理石或岩石。

任务实施

技能点拨：①创建"lambert"材质、"ramp"节点；②将"ramp 1"与"ramp 2"节点连接；③将"ramp 1"节点与材质连接，将"ramp 2"节点与"ramp 1"节点的绿色连接，并修改各自颜色属性；④将材质赋予模型，并渲染。

视频：制作桌布

实施步骤

第 1 步　创建摄影机

打开 Maya 2015 中文版，执行"文件"→"打开场景"命令，打开场景文件。创建摄影机的步骤详见任务 4.5，这里不再赘述。

第 2 步　制作材质

01　执行"窗口"→"渲染编辑器"→"Hypershade"命令，打开"Hypershade"窗口，创建一个"lambert"材质、两个"ramp"节点，效果如图 4-6-3 所示。

02　用鼠标中键拖动"ramp 1"节点到"lambert"材质上，在弹出的菜单中选择"默认"命令。双击"ramp 1"节点，打开"属性编辑器"面板，将"类型"设置为长方体渐变，"插值"设置为无，如图 4-6-4 所示。

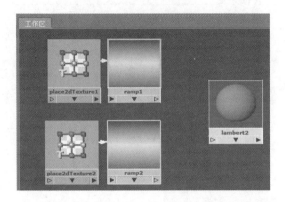

图 4-6-3　创建材质与节点效果

图 4-6-4　设置类型和插值

03 设置"ramp 1"节点的属性,如图 4-6-5 所示,渲染效果如图 4-6-6 所示。

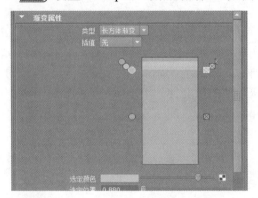

图 4-6-5　设置"ramp 1"节点属性

图 4-6-6　渲染效果(一)

04 双击"ramp 2"节点,将"类型"设置为格子渐变,"插值"设置为无,如图 4-6-7 所示。

05 设置"ramp 2"节点的"place2dTexture"属性,如图 4-6-8 所示。

图 4-6-7　设置"ramp 2"节点属性(一)

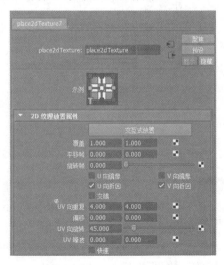

图 4-6-8　修改"ramp 2"节点的"place2dTexture"属性

06 设置"ramp 2"节点的属性,如图4-6-9所示,渲染效果如图4-6-10所示。

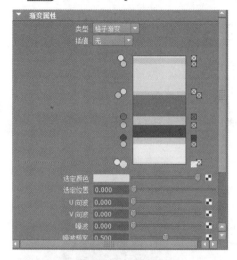

图4-6-9 设置"ramp 2"节点属性(二)   图4-6-10 渲染效果(二)

07 将"ramp 1"节点的绿色部分与"ramp 2"节点连接,如图4-6-11所示。

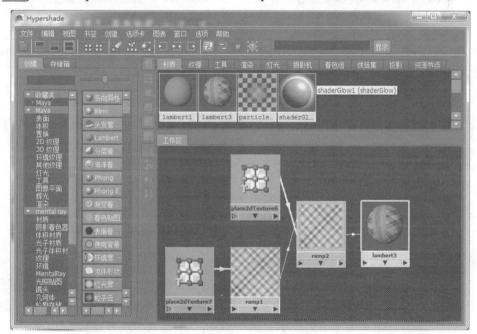

图4-6-11 连接"ramp 1"节点与"ramp 2"节点

08 渲染模型,最终效果如图4-6-2所示。

小贴士

复杂的渐变纹理会使动画变得纷乱。若要避免这种情况,则应把渐变纹理转为图形文件。

任务 4.7 制作玉石材质——玉石摆件

◎ 任务目的

利用图 4-7-1 所示模型，制作如图 4-7-2 所示的玉石材质效果。通过本任务的学习，读者应熟悉并掌握玉石材质的制作方法。

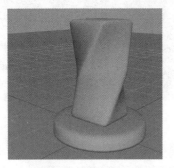

图 4-7-1 玉石模型

图 4-7-2 玉石材质效果

相关知识

玉石材质整体通透温润，在材质比较厚的地方，显示较深的绿色，显得比较深邃，而在模型边缘比较薄的地方，则显示散射效果及较浅的绿色。另外，经过打磨后，玉石表面会非常光滑，其上显示一种清晰的镜面反射高光。

大理石纹理可以模拟大理石效果，其中有填充颜色、脉络颜色、脉络宽度、扩散、对比度等属性。

任务实施

技能点拨：①打开场景文件；②使用"phong"材质及大理石纹理制作玉石材质；③为场景增加环境球，模拟渲染环境。

视频：制作玉石摆件

实施步骤

第 1 步 打开场景文件

打开 Maya 2015 中文版，执行"文件"→"打开场景"命令，打开本任务的场景文件，如图 4-7-1 所示。

第 2 步　制作材质

01 执行"窗口"→"渲染编辑器"→"Hypershade"命令,打开"Hypershade"窗口,创建一个"phong"材质,如图 4-7-3 所示。

02 新建一个"marble"(大理石)节点,并将其附加到材质上,如图 4-7-4 和图 4-7-5 所示。

图 4-7-3　创建"phong"材质

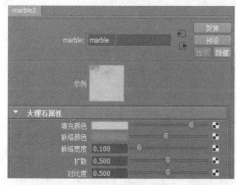

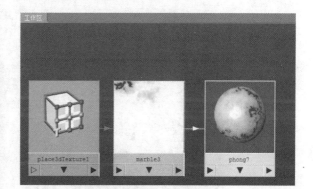

图 4-7-4　设置"marble"节点属性　　　　　　图 4-7-5　附加效果

03 设置"phong"材质的"半透明聚焦"为 0.5,"半透明"为 1,"半透明深度"为 5。展开"镜面反射着色"选项组,设置"余弦幂"为 10,"镜面反射颜色"为浅绿,"反射率"为 0.154,如图 4-7-6 所示。展开"光线跟踪选项"选项组,勾选"折射"复选框,设置"折射率"为 1.54,"折射限制"为 9,"反射限制"为 3,如图 4-7-7 所示。

04 将"pong"材质赋予场景中的模型,至此玉石材质制作完成。

05 在状态行中单击"打开渲染视图"按钮,在打开的"渲染视图"窗口中将渲染器调整为 mental ray,并渲染当前视图。此时,材质并没有达到要求的效果,如图 4-7-8 所示。

06 在"Hypershade"窗口中再次创建一个"phong"材质,并将该材质命名为 floor。

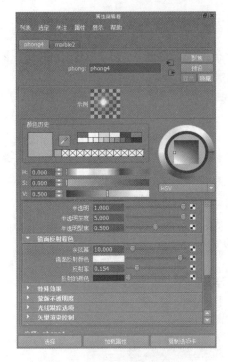

图 4-7-6 设置材质属性

图 4-7-7 设置"光线跟踪选项"选项组中的属性

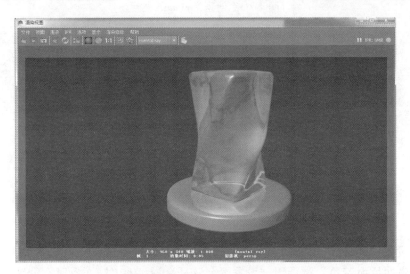

图 4-7-8 基本渲染效果

07 单击"floor"材质"属性编辑器"面板"公用材质属性"选项组中"颜色"参数后面的按钮,如图 4-7-9 所示,在打开的"颜色"对话框中选择"file"节点。

——单击此按钮

图 4-7-9 "公用材质属性"选项组

08 在"file"节点的"属性编辑器"面板中单击"图像名称"参数后面的"文件夹"

按钮,如图 4-7-10 所示,打开"打开"对话框,并导入"41259394.jpg"文件。如图 4-2-22 所示。

图 4-7-10 "图像名称"参数

09 双击"floor"材质,在"属性编辑器"面板的"镜面反射着色"选项组中设置"余弦幂"为 20,"镜面反射颜色"为灰色,"反射率"为 0.5,"折射限制"为 6,如图 4-7-11 所示。

10 将"floor"材质赋予场景中的模型,材质节点如图 4-7-12 所示。

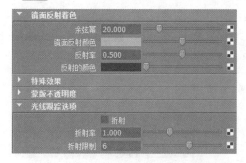

图 4-7-11 设置"floor"材质参数

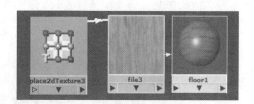

图 4-7-12 材质节点(一)

11 再次对场景进行渲染,效果如图 4-7-13 所示。

图 4-7-13 渲染效果

第 3 步 设置渲染环境

01 执行"创建"→"多边形基本体"→"球体"命令,在场景中创建一个球体,使用"缩放工具"调整球体的大小，使球体包裹住整个场景，如图 4-7-14 所示。

02 在"Hypershade"窗口中创建一个"surfaceShader"材质和一个"file"节点，效果如图 4-7-15 和图 4-7-16 所示。

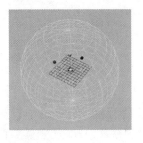

图 4-7-14　球体模型效果　　　图 4-7-15　创建"surfaceShader"　　　图 4-7-16　创建"file"节点效果
　　　　　　　　　　　　　　　　　　　　材质效果

03 在"file"节点的"属性编辑器"面板中单击"图像名称"后面的"文件夹"按钮，导入"kitchen.hdr"文件，如图 4-7-17 所示，将"file"节点连接到"surfaceShader"材质的"输出颜色"属性，材质节点如图 4-7-18 所示。

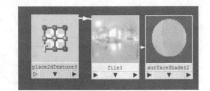

图 4-7-17　导入文件　　　　　　　　　　图 4-7-18　材质节点（二）

04 将"surfaceShader"材质赋予场景中的球体模型。
05 再次对场景进行渲染，可以看到玉石材质展现了很好的效果，如图 4-7-2 所示。

任务 4.8　制作陶瓷材质——陶罐

◎ 任务目的

利用图 4-8-1 所示模型，制作图 4-8-2 所示陶罐效果。通过本任务的学习，读者应熟悉并掌握陶瓷材质的制作方法。

图 4-8-1　陶罐模型　　　　　　　　　　图 4-8-2　陶罐效果

相关知识

陶瓷材质是反射性较强、折射率较高的材质。陶瓷表面上都带有一层光滑的胎釉，从而形成了较大面积的高光和反射。陶瓷是一种在制作时和周围环境紧密结合的物质，反光决定其属性特质。

任务实施

视频：制作瓷器

技能点拨：①打开场景文件；②为"phong"材质添加陶瓷贴图，并调整参数制作陶瓷材质效果；③为场景增加环境球，模拟渲染环境。

实施步骤

第 1 步　打开场景文件

打开 Maya 2015 中文版，执行"文件"→"打开场景"命令，打开本任务的场景文件，如图 4-8-1 所示。

第 2 步　制作材质

01 执行"窗口"→"渲染编辑器"→"Hypershade"命令，打开"Hypershade"窗口，创建一个"phong"材质，如图 4-8-3 所示。

02 为"phong"材质添加一个陶瓷贴图，如图 4-8-4 所示。

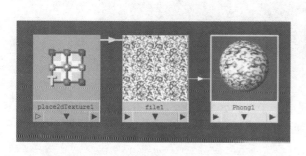

图 4-8-3　添加陶瓷贴图（一）

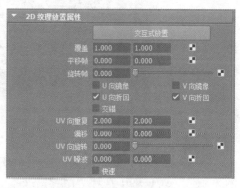

图 4-8-4　添加陶瓷贴图（二）

03 在"属性编辑器"面板中设置"phong"材质的"偏心率"为 0.3，"镜面反射衰减"为 0.316，"镜面反射颜色"和"反射颜色"均设置为白色，"反射率"为 0，如图 4-8-5 所示。展开"光线跟踪选项"选项组，勾选"折射"复选框，设置"折射率"为 1，"折射限制"为 9，"反射限制"为 3，如图 4-8-6 所示。

04 将"phong"材质赋予场景中的模型，至此陶瓷材质制作完成。

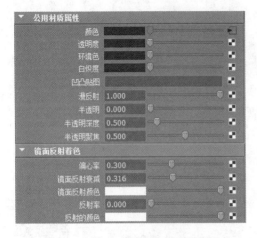
图 4-8-5 "phong"材质属性设置

图 4-8-6 "光线跟踪选项"相关设置

05 在状态行中单击"打开渲染视图"按钮,在打开的"渲染视图"窗口中将渲染器调整为 mental ray,并渲染当前视图。此时,材质的效果并没有达到要求,如图 4-8-7 所示。

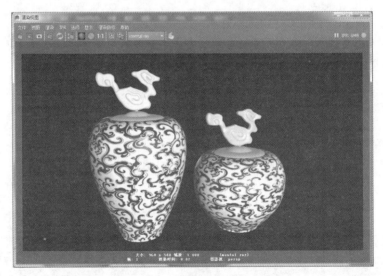
图 4-8-7 基本渲染效果

06 在"Hypershade"窗口中再次创建一个"phong"材质,并将该材质命名为 floor。

07 单击"floor"材质"公用材质属性"选项组"颜色"参数后面的按钮,在打开的"颜色"对话框中选择"file"节点。

08 在"file"节点的"属性编辑器"面板中单击"图像名称"参数后面的"文件夹"按钮,打开"打开"对话框,导入"41259394.jpg"文件,如图 4-2-22 所示。

09 双击"floor"材质,在"属性编辑器"面板中的"镜面反射着色"选项组中设置"余弦幂"为 20,"镜面反射颜色"为灰色,"反射率"设置为 0.5,"反射限制"为 6。

10 将"floor"材质赋予场景中的模型。

11 再次对场景进行渲染,效果如图 4-8-8 所示。

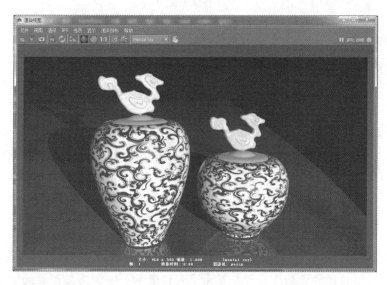

图 4-8-8　渲染效果

第 3 步　设置渲染环境

01 执行"创建"→"多边形基本体"→"球体"命令,在场景中创建一个球体,使用"缩放工具"调整球体的大小,使球体包裹住整个场景。

02 在"Hypershade"窗口中创建一个"surfaceShader"材质和"file"节点。

03 在"file"节点的"属性编辑器"面板中单击"图像名称"后面的"文件夹"按钮,导入"kitchen.hdr"文件,并将"file"节点连接到"surfaceShader"材质的"输出颜色"属性。

04 将"surfaceShader"材质赋予场景中的球体模型。

05 再次对场景进行渲染。最终渲染效果如图 4-8-2 所示。

项目 5 基础动画制作

◎ **项目导读**

本项目主要讲解 Maya 2015 中文版的动画功能,主要包括时间轴的使用、关键帧动画的设置、曲线图编辑器的使用、运动路径动画的设置和一些常用变形器的使用。Maya 动画功能强大,本项目仅就其中重要的功能进行介绍。有兴趣的读者可查找相关资料,练习 Maya 2015 中文版动画功能的使用。

◎ **学习目标**

- 掌握时间轴的使用方法。
- 掌握关键帧动画的设置方法。
- 掌握曲线图编辑器的使用方法。
- 掌握运动路径动画的设置方法。
- 掌握常用变形器的使用方法。

◎ **思政目标**

- 树立正确的学习观、价值观,自觉践行行业道德规范。
- 牢固树立质量第一、信誉第一的强烈意识。
- 遵规守纪,团结协作,爱护设备,钻研技术。
- 感受动画之美,发扬一丝不苟、精益求精的工匠精神。

任务 5.1 初识 Maya 动画功能

◎ 任务目的

通过欣赏利用 Maya 制作的优秀动画作品，对 Maya 动画功能有基本的认识。通过本任务的学习，读者应熟悉 Maya 中的时间轴。

本任务不再设计具体的实施任务，请读者自行练习。

相关知识

1. Maya 动画概述

动画（Animation），顾名思义就是让角色或物体动起来。动画与运动密不可分，运动是动画的本质。从概念上来说，动画就是将多张连续的单帧画面连在一起所呈现的内容，如图 5-1-1 所示。

图 5-1-1　动画拆解图

Maya 作为世界上优秀的 3D 软件之一，为广大用户提供了一套非常强大的动画系统。Maya 在动画技术上给用户提供了很强大的工具，使用这些工具可以自由、灵活地调节对象的属性，为场景中的角色和对象赋予生动、鲜活的动作。图 5-1-2 所示为利用 Maya 软件制作的动画作品，希望能给大家带来更多的创作灵感。

图 5-1-2　优秀动画作品截图

图 5-1-2（续）

2. Maya 的时间轴

在制作动画时，无论是利用传统方式制作动画，还是利用 3D 软件制作动画，时间都是一个难以控制的部分。时间存在于动画的任何阶段，通过它可以描述角色的质量、体积和个性等，而且时间不仅包含于角色的运动中，同时还能表达出角色的感情。

Maya 的时间轴提供了快速访问时间和关键帧设置的工具，包括"时间"滑块、"范围"滑块和播放控制器等工具。这些工具可以从时间轴快速进行访问，如图 5-1-3 所示。

图 5-1-3　时间轴

（1）"时间"滑块

"时间"滑块可以控制动画的播放范围、关键帧和播放范围内的受控制帧，如图 5-1-4 所示。

图 5-1-4　"时间"滑块

在"时间"滑块上的任意位置单击，即可改变当前时间，使场景动画跳转到该时间处。按住 K 键，在视图中按住鼠标左键水平拖动鼠标，场景动画会随鼠标指针的移动而不断更新。

按住 Shift 键在"时间"滑块上单击,并在水平位置拖动即可选择一个时间范围,选择的时间范围以红色显示,如图 5-1-5 所示。水平拖动选择区域中间的双箭头,可以移动选择的时间范围。

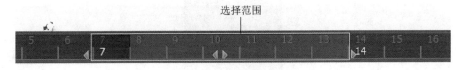

图 5-1-5 选择时间范围

(2)"范围"滑块

"范围"滑块用来控制动画的播放范围,如图 5-1-6 所示。

图 5-1-6 "范围"滑块

拖动"范围"滑块可以改变动画的播放范围。

拖动"范围"滑块两端的■按钮可以缩放播放范围。

双击"范围"滑块可将播放范围设置为动画开始时间文本框和动画结束时间文本框范围内的数值;再次双击,可以返回之前的播放范围。

(3)播放控制器

播放控制器主要是用来控制动画的播放状态,如图 5-1-7 所示。 图 5-1-7 播放控制器

(4)动画首选项

在时间轴右侧单击"动画首选项"按钮,或执行"窗口"→"设置/首选项"→"首选项"命令,打开"首选项"窗口。在该窗口中可以设置动画和"时间"滑块的首选项,如图 5-1-8 所示。

图 5-1-8 "首选项"窗口

（5）动画控制菜单

在"时间"滑块的任意位置右击会弹出一个动画控制菜单，如图 5-1-9 所示。该菜单中的命令主要用于操作当前选择对象的关键帧。

图 5-1-9 动画控制菜单

任务 5.2 关键帧的应用——制作帆船平移动画

 任务目的

以图 5-2-1 系列截图为参照，制作帆船平移关键帧动画效果。通过本任务的学习，读者应熟悉并掌握关键帧动画的设置方法与技巧。

图 5-2-1 帆船平移动画截图

 相关知识

在 Maya 动画系统中，使用最多的就是关键帧动画。关键帧动画就是在不同的时间（或帧）将能体现动画物体动作特征的一系列属性采用关键帧的方式记录下来，并根据不同关键帧之间的动作（属性值）差异自动进行中间帧的插入计算，最终生成一段完整的关键帧动画，如图 5-2-2 所示。

图 5-2-2　关键帧动画截图

1. 设置关键帧

切换到"动画"模块,执行"动画"→"设置关键帧"命令,可以完成一个关键帧的记录。用该命令设置关键帧的步骤如下:

1)拖动"时间"滑块到确定要记录关键帧的位置。

2)选择要设置关键帧的物体,修改相应的物体属性。

3)执行"动画"→"设置关键帧"命令或按 S 键,为当前属性记录一个关键帧。

通过这种方法设置的关键帧,在当前时间,所选物体的属性值将始终保持在一个固定不变的状态,直到再次修改该属性值并重新设置关键帧。如果要继续在不同的时间为物体属性设置关键帧,可以重复执行以上操作。

2. 设置变换关键帧

在"动画"→"设置变换关键帧"命令下有 3 个子命令,分别是"平移""旋转""缩放"。执行这些命令可以为选择对象的相关属性设置关键帧。

平移:只为"平移"属性设置关键帧,快捷键是 Shift+W。
旋转:只为"旋转"属性设置关键帧,快捷键是 Shift+E。
缩放:只为"缩放"属性设置关键帧,快捷键是 Shift+R。

3. 设置自动关键帧

利用时间轴右侧的"自动关键帧切换"按钮 可以为物体属性自动记录关键帧。在自动设置关键帧功能前,必须采用手动方式为即将做动画的物体属性设置一个关键帧,之后自动设置关键帧功能才能起作用。

如果在设置完成一段自动关键帧动画后,想继续在不同的时间为物体属性设置关键帧,可以使用如下方法。

1)拖动"时间"滑块,确定要记录关键帧的位置。

2)改变已经设置关键帧的物体的属性值,此时在当前时间位置会自动记录一个关键帧。

3)单击"自动关键帧切换"按钮,结束自动记录关键帧操作。

4. 在"通道盒"中设置关键帧

在"通道盒"中设置关键帧是一种常用的方法,这种方法十分简便,控制起来也比较容易，其操作步骤如下：

1）拖动"时间"滑块，确定要记录关键帧的位置。
2）选择要设置关键帧的物体，修改相应的物体属性。
3）在"通道盒"中选择要设置关键帧的属性名称。
4）在属性名称上右击，在弹出的快捷菜单中选择"为选定项设置关键帧"命令。

任务实施

技能点拨：①打开场景文件；②选择模型，设置初始关键帧；③设置结束关键帧；④播放动画，观察动画效果。

视频：制作帆船平移动画

实施步骤

第 1 步　打开场景文件

打开 Maya 2015 中文版，打开随书光盘提供的场景文件"5.2 关键帧动画——帆船平移（原始）.mb"，如图 5-2-3 所示。

图 5-2-3　打开场景文件

第 2 步　设置关键帧

01 选择帆船模型，保持"时间"滑块在第 1 帧。在"通道盒"中的"平移 X"属性上右击，在弹出的快捷菜单中选择"为选定项设置关键帧"命令，如图 5-2-4 所示，即可在当前时间记录"平移 X"的属性关键帧。

02 将"时间"滑块拖动到第 24 帧，在"通道盒"中设置"平移 X"属性值为 40，在该属性上右击，在弹出的快捷菜单中选择"为选定项设置关键帧"命令，记录当前时间"平移 X"的属性关键帧，如图 5-2-5 所示。

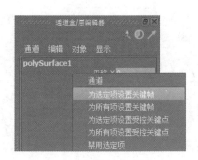 

图 5-2-4　第 1 帧处设置关键帧　　　　　　图 5-2-5　第 24 帧处设置关键帧

第 3 步　播放动画

单击"播放"按钮，播放动画，观察动画效果，如图 5-2-6 所示。

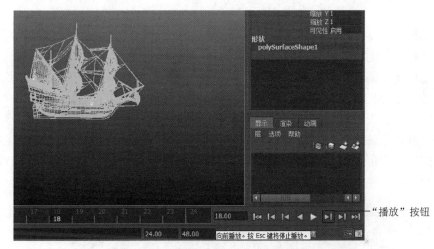

图 5-2-6　播放测试

> **小贴士**
>
> 如果要删除已经设置好的关键帧，可以先选择对象，然后执行"编辑"→"按类型删除"→"通道"命令，或在时间轴上选择要删除的关键帧右击，在弹出的快捷菜单中选择"删除"命令。

任务 5.3　曲线图编辑器的应用——制作重影动画

◎ 任务目的

以图 5-3-1 系列截图为参照，制作人的运动重影动画效果。通过本任务的学习，读者应熟悉并掌握运动曲线的调整方法与技巧。

图 5-3-1　跑步重影动画截图

相关知识

曲线图编辑器是一个功能强大的关键帧动画编辑窗口。在 Maya 动画系统中，与编辑关键帧和动画相关的工作都可以利用曲线图编辑器来完成。

曲线图编辑器能让用户以曲线图表的方式形象化地观察和操纵动画曲线。利用曲线图编辑器提供的各种工具和命令，用户可以对场景中动画物体上现有的动画曲线进行精确的编辑和调整，实现更加细致的动画效果。

执行"窗口"→"动画编辑器"→"曲线图编辑器"命令，可以打开"曲线图编辑器"窗口，如图 5-3-2 所示。"曲线图编辑器"窗口由菜单栏、工具栏、大纲列表和曲线图表视图 4 部分构成。

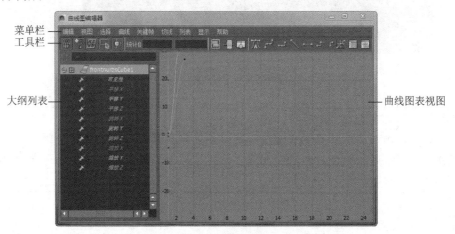

图 5-3-2　"曲线图编辑器"窗口

1. 工具栏

为了节省操作时间、提高工作效率，Maya 在"曲线图编辑器"窗口中增设了工具栏（图 5-3-3）。工具栏中的多数工具按钮可以在菜单栏的各个菜单中找到，因为在编辑动画曲线时这些按钮的使用频率很高，所以软件开发者将它们做成工具按钮放在工具栏中，以便用户使用。

图 5-3-3　工具栏

2. 大纲列表

"曲线图编辑器"窗口中的大纲列表与执行主菜单栏中的"窗口"→"大纲视图"命令打开的"大纲视图"窗口有很多共同点。大纲列表显示动画物体的相关节点，如果在大纲列表中选择一个动画节点，那么该节点的所有动画曲线将会显示在曲线图表视图中。大纲列表如图 5-3-4 所示。

3. 曲线图表视图

在"曲线图编辑器"窗口的曲线图表视图中，可以显示和编辑动画曲线段、关键帧和关键帧切线。如果在曲线图表视图中的任意位置右击，还会弹出一个快捷菜单，如图 5-3-5 所示。

图 5-3-4　大纲列表

图 5-3-5　快捷菜单

一些操作 3D 场景视图的快捷键在"曲线图编辑器"窗口的曲线图表视图中仍然适用，具体如下：

1）平移视图：按住 Alt 键的同时在曲线图表视图中按住鼠标中键，并沿任意方向拖动鼠标。

2）推拉视图：按住 Alt 键的同时在曲线图表视图中按住鼠标右键，并拖动鼠标；或同时按住鼠标的左键和中键，并拖动鼠标。

3）单方向上平移视图：按住 Shift+Alt 组合键的同时在曲线图表视图中按住鼠标中键，并沿水平或垂直方向拖动鼠标。

4）缩放视图：按住 Shift+Alt 组合键的同时在曲线图表视图中按住鼠标右键，并沿水平或垂直方向拖动鼠标；或同时按下鼠标的左键和中键，并拖动鼠标。

任务实施

技能点拨：①打开软件，导入动画效果；②设置"动画快照选项"窗口参数；③编辑曲线图编辑器；④播放动画，观察动画效果。

视频：制作重影动画

实施步骤

第 1 步　导入动画效果

01　打开 Maya 2015 中文版，切换到"动画"模块，执行"窗口"→"常规编辑器"→"Visor"命令，如图 5-3-6 和图 5-3-7 所示。

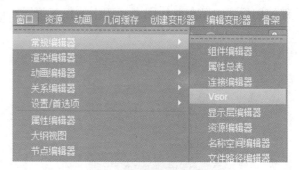

图 5-3-6　切换到"动画"模块　　　　图 5-3-7　执行"Visor"命令

02　在打开的"Visor"窗口的"Mocap 示例"选项卡中选择"run1.ma"，使用鼠标中键将动画效果拖动到视图中，如图 5-3-8 和图 5-3-9 所示。

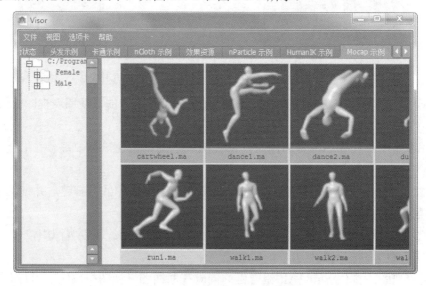

图 5-3-8　打开跑步动画效果

图 5-3-9 视图效果

> **小贴士**
>
> 导入的动画效果可能偏离世界中心，此时需要对视图进行缩放。

第 2 步 创建动画快照

01 打开"大纲视图"窗口，选择"run1_skin"，单击"动画"→"创建动画快照"命令后面的按钮，如图 5-3-10 和图 5-3-11 所示。

图 5-3-10 选择"run1_skin"

图 5-3-11 创建动画快照

02 在打开的"动画快照选项"窗口中设置"结束时间"为 70，增量为 7，单击"应用"按钮，如图 5-3-12 和图 5-3-13 所示。

图 5-3-12 "动画快照选项"窗口参数设置

图 5-3-13　设置动画快照选项后的效果

第 3 步　编辑曲线图编辑器

01　在"大纲视图"窗口中单击"run1-skin",选择"root 骨架",打开"曲线图编辑器"窗口,曲线图表视图中将会显示动画的运动曲线,如图 5-3-14 所示。单击"框选全部"按钮 ,可以让整个动画的运动曲线轨迹全部显示出来,如图 5-3-15 所示。

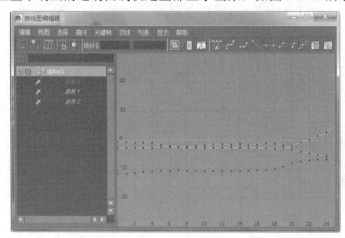

图 5-3-14　"曲线图编辑器"窗口

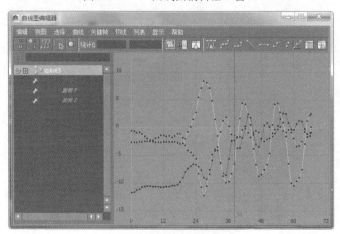

图 5-3-15　全部曲线效果

02 在"曲线图编辑器"窗口中执行"曲线"→"简化曲线"命令,可以很方便地通过调整曲线改变人体的运动状态。单击工具栏中的"平坦曲线"按钮 ,使关键帧曲线变为平直的切线,如图 5-3-16 所示。

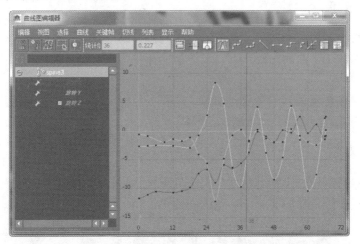

图 5-3-16 调整曲线后的效果

第 4 步 播放动画

完成动画快照动画的制作后,播放并测试场景动画。

> **小贴士**
>
> 如果人的运动效果是沿着曲线路径完成的,则在弯曲处人的身体将不会跟随曲线的变化而转身。这种情况下需要在"大纲视图"中"动画快照关键帧"的位置选择"root 骨架",沿 Y 轴对其进行旋转操作,此时可观察到动画快照的选择方向发生了变化。

 混合变形器的应用——制作表情动画

◎ 任务目的

以图 5-4-1 系列截图为参照,制作表情动画效果。通过本任务的学习,读者应熟悉并掌握混合变形器的使用方法。

图 5-4-1 表情动画效果截图

相关知识

在 Maya 动画系统中，使用系统提供的变形功能可以改变可变形物体的几何形状，在可变形物体上产生各种变形效果。可变形物体是由控制顶点构建的物体。这里所说的控制顶点，可以是 NURBS 曲面的控制点、多边形曲面的顶点、细分曲线的顶点和晶格物体的晶格点。

为了满足制作变形动画的需要，Maya 提供了各种功能齐全的变形器，用于创建和编辑这些变形器的工具和命令在"创建变形器"菜单中。

1. 混合变形器

混合变形器可以使一个基础物体与多个目标物体进行混合，能将物体的一个形状以平滑过渡的方式改变到物体的另一个形状，如图 5-4-2 所示。

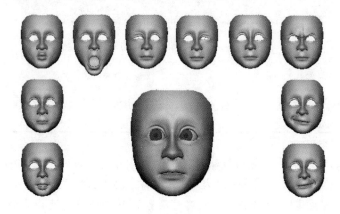

图 5-4-2　混合变形器的使用

混合变形器是一个很重要的变形工具，经常用于制作角色表情动画。不同于其他变形器的是，混合变形器提供了一个"混合变形"窗口，利用此窗口可以控制场景中所有的混合变形，如调节各混合变形受目标物体的影响程度，添加或删除混合变形、设置关键帧等。

2. 晶格变形器

晶格变形器可以利用构成晶格物体的晶格点改变可变形物体的形状，在物体上创造变形效果。用户可以直接移动、旋转或缩放整个晶格物体来整体影响可变形物体，也可以调整每个晶格点，在可变形物体的局部创造变形效果，如图 5-4-3 所示。

3. 簇变形器

利用簇变形器可以同时控制一组可变形物体上的点,这些点可以是 NURBS 曲线或曲面的控制点、多边形曲面的顶点、细分曲面的顶点和晶格物体的晶格点。用户可以根据需要为组中的每一个点分配不同的变形权重，只要对簇变形器手柄进行变换（移动、旋转和缩放）操作时，组中的点将根据设置的不同权重产生不同程度的变换效果，如图5-4-4所示。

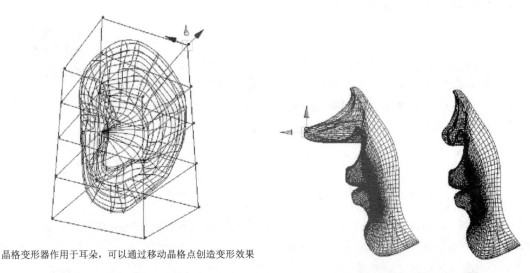

晶格变形器作用于耳朵，可以通过移动晶格点创造变形效果

图 5-4-3　晶格变形器的使用　　　　　　图 5-4-4　簇变形器的使用

4. 包裹变形器

包裹变形器可以使用 NURBS 曲线、NURBS 曲面或多边形表面网格作为影响物体来改变可变形物体的形状。在制作动画时，经常会采用一个低精度的模型通过包裹变形的方法来影响高精度模型的形状，这样可以使高精度模型的控制更加容易，如图 5-4-5 所示。

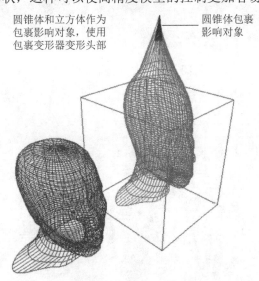

图 5-4-5　簇变形器的使用

5. 抖动变形器

抖动变形器的相关知识在任务 5.5 中介绍，这里不再赘述。

任务实施

技能点拨：①打开场景文件；②添加"混合变形"命令；③分析表情动画制作的步骤；④选择要设置口形动画的帧，在"混合变形"窗口中设置关键帧，并调节相应的权重参数；⑤为基础模型设置眨眼和微笑动画；⑥播放动画，观察动画效果。

视频：制作表情动画

实施步骤

第1步　添加"混合变形"命令

01 打开 Maya 2015 中文版，打开随书光盘提供的场景文件 "5.4 混合变形器——制作表情动画（原始）.mb"，如图 5-4-6 所示。

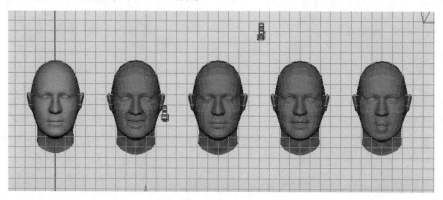

图 5-4-6　打开场景文件

02 选择 4 个目标物体，然后按 Shift 键加选基础物体，如图 5-4-7 所示。执行"创建变形器"→"混合变形"命令。

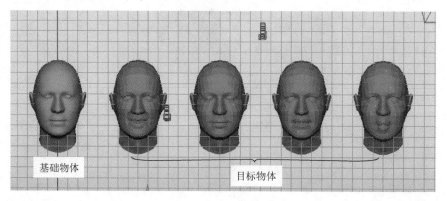

图 5-4-7　加选基础物体

03 选择基础物体，执行"窗口"→"动画编辑器"→"混合变形"命令，系统会自动打开"混合变形"窗口,如图 5-4-8 所示。此时,该窗口中已经出现 4 个"权重"滑块,而且这 4 个滑块的名称都是以目标物体命名的,当调整滑块位置时,基础物体就会按照目标物体逐渐进行变形,如图 5-4-9 所示。

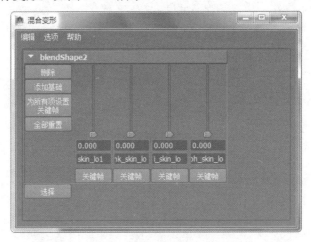

图 5-4-8 "混合变形"窗口

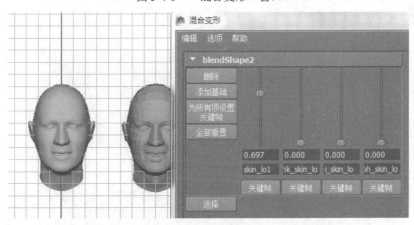

图 5-4-9 移动滑块影响基础物体变形

第 2 步 制作口形动画

下面要完成一个打招呼的表情动画,其发音为"Hello"。观察场景中的表情模型可知,模型从左到右依次是正常、微笑、闭眼、ə 音和 əu 音。

小贴士

要制作发音为"Hello"的表情动画,首先要了解 Hello 的发音为 hə'ləu,其中有两个元音音标,分别是 ə 和 əu。因此在制作"Hello"的表情动画时,只需制作角色发出 ə 和 əu 的发音口形就可以了。

01 确定当前时间为第 1 帧,在"混合变形"窗口中单击"为所有项设置关键帧"按钮,如图 5-4-10 所示。

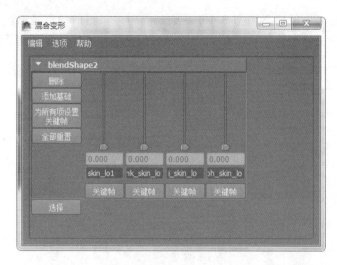

图 5-4-10　单击"为所有项设置关键帧"按钮

02 确定当前时间为第 8 帧,单击第 3 个"权重"滑块下面的"关键帧"按钮,为第 8 帧设置关键帧。在第 15 帧的位置设置第 3 个"权重"滑块数值为 0.8,单击"关键帧"按钮,如图 5-4-11 所示。此时,拖动"时间"滑块发现基础物体按照第 3 个目标物体的嘴形在发音,如图 5-4-12 所示。

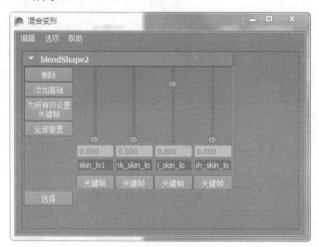

图 5-4-11　在第 3 个滑块下设置关键帧数值

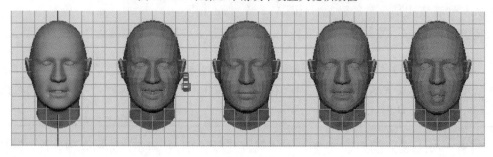

图 5-4-12　目标物体受第 3 个滑块影响

 在第 18 帧的位置设置第 3 个"权重"滑块数值为 0,单击"关键帧"按钮。在第 16 帧的位置设置第 4 个"权重"滑块数值为 0,单击"关键帧"按钮。

 在第 19 帧的位置设置第 4 个"权重"滑块数值为 0.8,单击"关键帧"按钮。在第 23 帧的位置设置第 4 个"权重"滑块数值为 0,单击"关键帧"按钮。

此时,播放动画可以观察到人物的基础模型已经可以做发音的口形动画。

第 3 步　设置眨眼和微笑动画

 为基础模型添加一个眨眼动画。在第 14 帧、第 18 帧和第 21 帧的位置分别设置第 2 个"权重"滑块的数值为 0、1 和 0,并分别单击"关键帧"按钮。

 为基础模型添加一个微笑动画。在第 10 帧的位置设置第 1 个"权重"滑块数值为 0.4,单击"关键帧"按钮。

此时,播放动画可以观察到人物的基础模型的发音、眨眼和微笑动画已经制作完成。

任务 5.5　抖动变形器的应用——制作腹部运动效果

◎ 任务目的

以图 5-5-1 系列截图为参照,制作人腹部运动的动画效果。通过本任务的学习,读者应熟悉并掌握抖动变形器的使用方法与技巧。

图 5-5-1　腹部运动动画截图

 相关知识

在可变形物体上创建抖动变形器后,当物体移动、加速或减速、振动时,会在可变形物体表面产生抖动效果。利用抖动变形器可以创建多种效果,如摔跤选手的腹部抖动、头发抖动、一只昆虫的触须振动等。以下是"创建抖动变形器选项"窗口(图 5-5-2)的参数介绍。

1) 刚度:设置抖动变形的刚度,数值越大,抖动动作越僵硬。

2）阻尼：设置抖动变形的阻尼值，可以控制抖动变形的程度，数值越大，抖动程度越小。

3）权重：设置抖动变形的权重，数值越大，抖动程度越大。

4）仅在对象停止时抖动：只是在物体停止运动时才开始抖动变形。

5）忽略变换：在抖动变形时，忽略物体的位置变换。

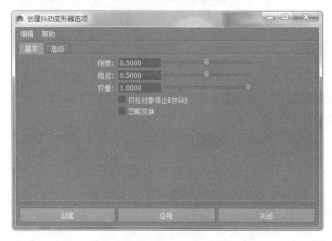

图 5-5-2 "创建抖动变形器选项"窗口

利用抖动变形器可以将抖动应用到整个可变形物体或物体局部的一些点。

任务实施

技能点拨：①打开场景文件；②利用"绘制选择工具"选择需要变形的点；③利用"抖动变形器"命令设置抖动"阻尼"和"抖动权重"参数；④测试模型抖动变形效果。

视频：制作腹部运动效果

实施步骤

第 1 步 打开场景文件，添加"抖动变形器"

 打开 Maya 2015 中文版，打开随书光盘提供的场景文件"5.5 抖动变形器——控制腹部运动（原始）.mb"，如图 5-5-3 所示。

 选择模型，单击"绘制选择工具"按钮，激活"绘制选择工具"，在模型腹部选取如图 5-5-4 所示的点。

小贴士

使用"绘制选择工具"时，按住 B 键并左右拖动鼠标，即可调整画笔半径的大小；按 M 键可调整画笔的影响深度；按 U 键后单击，可以在不同的画笔模式间进行选择。

项目 5　基础动画制作

图 5-5-3　打开场景文件

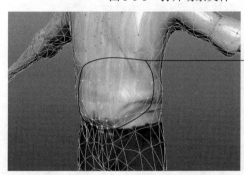

图 5-5-4　选取模型腹部的点

03 执行"创建变形器"→"抖动变形器"命令，或按 Ctrl+A 组合键，打开"属性编辑器"面板，如图 5-5-5 所示。

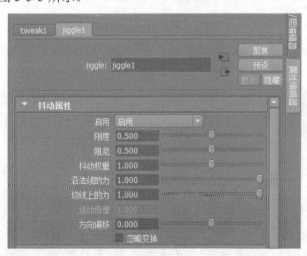

图 5-5-5　"属性编辑器"面板

04 在"抖动属性"选项组中设置"阻尼"为 0.931，"抖动权重"为 1.988，如图 5-5-6 所示。

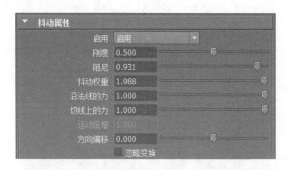

图 5-5-6　设置"阻尼""抖动权重"数值

第 2 步　设置位移动画

01 选择模型，将"时间"滑块移动到第 1 帧，按 S 键设置一个关键帧，如图 5-5-7 所示。

图 5-5-7　设置第 1 帧为关键帧

02 将"时间"滑块移动到第 24 帧，按 S 键设置结束位移的关键帧，如图 5-5-8 所示。

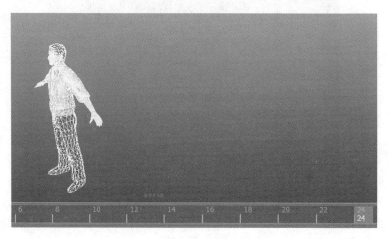

图 5-5-8　设置结束位移的关键帧

03 按"播放"按钮预览动画,可以观察到腹部产生了抖动变形。图 5-5-9 所示为第 20 帧处的腹部抖动效果。

图 5-5-9　第 20 帧处的腹部抖动效果

摄影机的应用——制作跟随小球动画

◎ 任务目的

以图 5-6-1 系列截图为参照,制作摄影机跟随动画效果。通过本任务的学习,读者应熟悉并掌握摄影机动画的相关设置方法与技巧。

图 5-6-1　跟随小球动画系列截图

任务实施

技能点拨:①打开场景文件;②创建一架摄影机;③调整摄影机视角,确保在第 1 帧时小球出现在画面的正中心,设置初始关键　视频:制作跟随小球帧；④分别在第 20 帧、第 30 帧和第 40 帧设置关键帧；⑤播放动画，测试结果。

实施步骤

第 1 步 打开场景文件，调节摄影机

01 打开 Maya 2015 中文版，打开随书光盘提供的场景文件"5.6 摄影机动画——跟随小球（原始).mb"，如图 5-6-2 所示。

02 在工具架"渲染"选项卡中单击"创建摄影机"按钮，在场景中创建一架摄影机，在"通道盒"中将出现摄影机对象的属性，如图 5-6-3 所示。

图 5-6-2 打开场景文件

图 5-6-3 摄影机对象属性

03 执行"面板"→"透视"→"camera1"命令，将透视图切换成摄影机视图。此时，摄影机的视角不是我们所需要的，如图 5-6-4 所示。因此，需要对摄影机的视角进行调节。

图 5-6-4 将透视图切换成摄影机视图

04 利用 Alt+鼠标左键、Alt+鼠标中键、Alt+鼠标右键 3 个组合键调节摄影机初始视角，调节结果如图 5-6-5 所示。

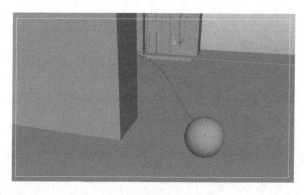

图 5-6-5　调节摄影机初始视角

第 2 步　设置跟随动画

01 将"时间"滑块放置在第 1 帧，按 S 键设置一个初始关键帧，如图 5-6-6 所示。

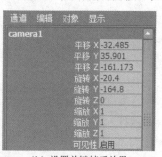

（a）"时间"滑块在第 1 帧　　　　（b）设置关键帧后效果

图 5-6-6　设置初始关键帧

02 将"时间"滑块拖动至第 20 帧，发现小球即将在建筑物后消失，如图 5-6-7 所示。

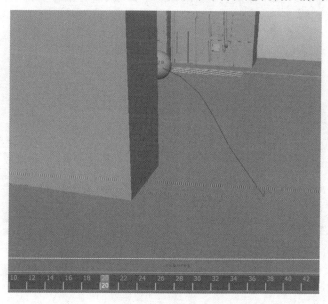

图 5-6-7　第 20 帧效果

> **小贴士**
> 此时需要对摄影机视角进行调整，以确保小球处于人们的视线范围之内。

03 利用 Alt+鼠标左键、Alt+鼠标中键、Alt+鼠标右键 3 个组合键调整第 20 帧处的摄影机视角，按 S 键记录关键帧，如图 5-6-8 所示。

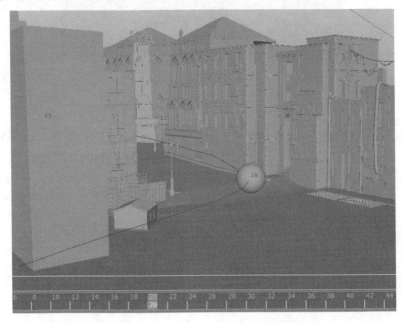

图 5-6-8　调节第 20 帧处的摄影机视角

04 按照步骤 3 的操作分别调整第 30 帧和第 40 帧的摄影机视角，如图 5-6-9 所示。

 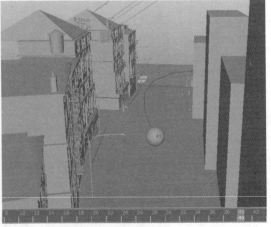

图 5-6-9　分别调节第 30 帧和 40 帧处的摄影机视角

05 单击"向前播放"按钮 ▶ 预览动画。

任务 5.7 运动路径的应用——制作小鱼游动动画

◎ 任务目的

以图 5-7-1 系列截图为参照,制作小鱼游动的路径动画效果。通过本任务的学习,读者应熟悉和掌握设置运动路径关键帧的方法与技巧。

图 5-7-1 小鱼游动动画截图

 相关知识

1. 路径运动动画的应用领域

路径运动动画是 Maya 提供的一种制作动画的技术手段,运动路径动画可以沿着指定形状的路径曲线平滑地使物体产生运动效果。运动路径动画适合表现汽车在公路上行驶、飞行器在天空中飞行和鱼儿在水中游动等动画效果。

运动路径动画可以利用一条 NURBS 曲线作为运动路径来控制物体的位置和旋转角度。运动路径动画技术不仅适用于几何体,而且可以用来控制摄影机、灯光、粒子发射器等。

2. "运动路径关键帧"命令的使用

"运动路径"菜单包含"设置运动路径关键帧""连接到运动路径""流动路径对象"3 个子命令,如图 5-7-2 所示。

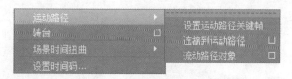

图 5-7-2 "运动路径"菜单

使用"设置运动路径关键帧"命令可以采用制作关键帧动画的工作流程创建一个运动路径动画。使用这种方法,在创建运动路径动画之前不需要创建作为运动路径的曲线,路径曲线会在设置运动路径关键帧的过程中自动创建。

任务实施

技能点拨:①打开场景文件;②选择模型,执行"设置运动路径关键帧"命令,在第 1 帧设置一个运动路径关键帧;③分别设置第 48 帧、第 60 帧的关键帧;④调节曲线,调整模型方向;⑤播放动画,观察动画效果。

视频:制作小鱼游动动画

实施步骤

第 1 步 设置"运动路径关键帧"

01 打开 Maya 2015 中文版,打开随书光盘提供的场景文件"5.7 运动路径动画——小鱼游动(原始).mb",如图 5-7-3 所示。

图 5-7-3 打开场景文件

02 选择模型,执行"动画"→"运动路径"→"设置运动路径关键帧"命令,在第 1 帧设置一个运动路径关键帧,如图 5-7-4 所示。

图 5-7-4 在第 1 帧设置运动路径关键帧

03 将"时间"滑块拖动到第 48 帧处,再次执行"动画"→"运动路径"→"设置运动路径关键帧"命令。此时,第 1 帧与第 48 帧中间自动生成一条运动路径,如图 5-7-5 所示。

图 5-7-5 在第 48 帧设置运动路径关键帧

04 用同样的方法在第 60 帧处设置一个运动路径关键帧,如图 5-7-6 所示。

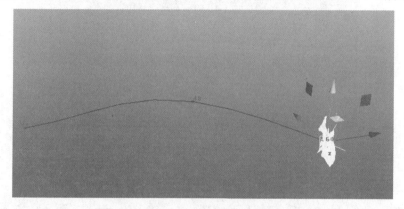

图 5-7-6 在第 60 帧设置运动路径关键帧

第 2 步 设置位移动画

01 激活曲线路径,按住鼠标右键,画面中会出现路径控制点界面,选择"控制顶点"选项,如图 5-7-7 所示。此时,即可通过调节曲线点形状改变小鱼的运动路径。

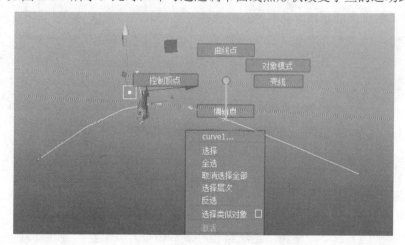

图 5-7-7 选择"控制顶点"选项

> **小贴士**
>
> 激活路径后，按住鼠标右键才会出现路径控制点界面，此时按住鼠标右键的同时将鼠标指针移动至相应的选项，松开鼠标右键即可选择相应的选项。

02 在工具架的"常规"选项卡中单击"显示操纵器工具"按钮 ，激活"显示操纵器工具"。

03 使用"显示操纵器工具"将小鱼模型的方向旋转至与曲线方向一致，如图 5-7-8 所示。播放测试动画，可以观察鱼头沿曲线的方向运动。

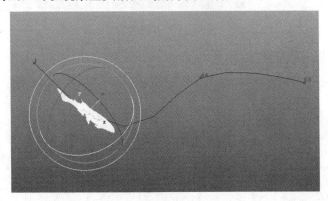

图 5-7-8　调节鱼儿运动方向

任务 5.8　流动路径的应用——制作字幕穿越动画

◎ 任务目的

以图 5-8-1 系列截图为参照，制作字幕穿越动画效果。通过本任务的学习，读者应熟悉并掌握"流动路径对象"命令的使用方法与技巧。

图 5-8-1　字幕穿越动画截图

相关知识

在 Maya 动画系统中，使用"流动路径对象"命令可以沿着当前运动路径或围绕当前物体创建晶格变形器，使物体沿曲线运动的同时跟随路径曲线曲率的变化改变自身形状，创建一种流畅的运动路径动画效果。"流动路径对象选项"窗口如图 5-8-2 所示。

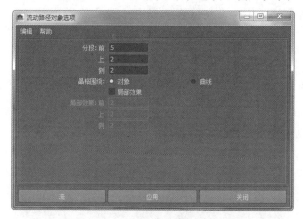

图 5-8-2 "流动路径对象选项"窗口

以下是"流动路径对象选项"窗口的参数介绍。

1）分段：代表创建的晶格数。"前"、"上"和"侧"与创建路径动画时指定的轴相对应。

2）晶格围绕：指定创建晶格物体的位置，提供了两个单选按钮。

① 对象：当点选该单选按钮时，将围绕物体创建晶格，是默认选项。

② 曲线：当点选该单选按钮时，将围绕路径曲线创建晶格。

3）局部效果：当创建围绕曲线的晶格时，用到此选项。图 5-8-3 为"局部效果"对比图。在图 5-8-3（a）中，"局部效果"处于启用状态；在图 5-8-3（b）中，"局部效果"处于禁用状态。

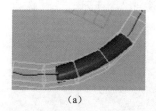
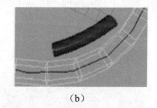

（a） （b）

图 5-8-3 "局部效果"对比图

> **小贴士**
>
> 如果使用的是"对象"单选按钮，并将"分段"设置为较大数字，以更精确地控制对象的变形，则最好勾选"局部效果"复选框，设置"局部效果"选项组中的分段，以覆盖对象较小的部分。

任务实施

技能点拨：①打开场景文件；②选择字幕模型，打开"连 视频：制作字幕穿越动画接到运动路径选项"窗口，设置"时间范围"和"结束时间"；③设置"流动路径对象选项"窗口中的参数；④切换到摄影机视图，播放预览动画。

实施步骤

第1步　打开场景文件

打开 Maya 2015 中文版，打开随书光盘提供的场景文件"5.8 流动路径动画——字幕穿越（原始）.mb"，如图5-8-4所示。

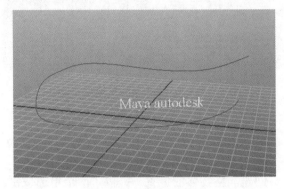

图 5-8-4　打开场景文件

第2步　设置路径

01　选择字幕模型，按住 Shift 键选择曲线。单击"动画"→"运动路径"→"连接到运动路径"命令后面的按钮，打开"连接到运动路径选项"窗口。在该窗口中设置"时间范围"为开始/结束，"结束时间"为150，如图5-8-5所示。

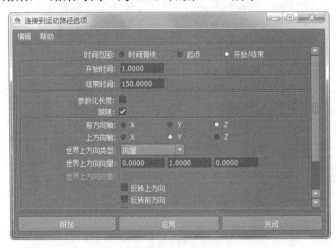

图 5-8-5　"连接到运动路径选项"窗口

02　选择字幕模型，单击"动画"→"运动路径"→"流动路径对象"命令后面的按钮，打开"流动路径对象选项"窗口。在该窗口中设置"分段"选项组中的"前"参数为15，如图5-8-6所示。

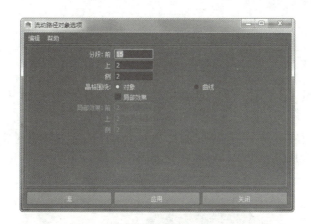

图 5-8-6 "流动路径对象选项"窗口

第 3 步　播放动画

切换到摄影机视图,播放动画。此时,可以观察到字幕沿着运动路径曲线慢慢穿过摄影机视图,如图 5-8-7 所示。

图 5-8-7　播放预览动画

 任务 5.9　目标约束的应用——制作眼睛转动动画

◎ 任务目的

以图 5-9-1 系列截图为参照,制作眼睛转动的动画效果。通过本任务的学习,读者应熟悉并掌握目标约束的使用方法与技巧。

图 5-9-1　眼睛转动动画截图

相关知识

在 Maya 动画系统中，使用目标约束可以约束一个物体的方向，使被约束的物体始终瞄准目标物体。

目标约束的典型应用包括使灯光或摄影机对准某个对象或一组对象。在角色设置中，目标约束的典型应用是设置用于控制眼球转动的定位器，如图 5-9-2 所示。

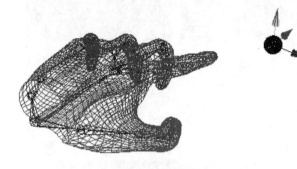

图 5-9-2　目标约束

以下是"目标约束选项"窗口（图 5-9-3）的参数介绍。

1）保持偏移：当勾选该复选框时，创建目标约束后，目标物体和被约束物体的相对位移和旋转将保持在创建约束之前的状态，即可以保持约束物体之间的空间关系和旋转角度不变。如果取消勾选该复选框，则其下的"偏移"文本框中输入的数值将用来确定被约束物体的偏移方向。

2）偏移：设置被约束物体偏移方向 X、Y、Z 坐标的弧度数值。通过输入需要的弧度数值，可以确定被约束物体的偏移方向。

3）目标向量：指定目标向量相对于被约束物体局部空间的方向，目标向量将指向目标点，从而迫使被约束物体确定自身的方向。

图 5-9-3　"目标约束选项"窗口

> **小贴士**
>
> 目标向量约束使受约束对象始终指向目标点。受约束对象的方向由3个向量控制，即目标向量、上方向向量和世界上方向向量。这些向量不会显示在工作区中，但可以推断它们对受约束对象的方向产生的效果。

任务实施

技能点拨：①打开场景文件；②在场景中创建一个定位器；③选择左眼，通过执行"约束"→"点"命令使定位器与左眼中心重合；④为右眼添加一个定位器；⑤设置约束，播放动画，观察动画效果。

视频：制作眼睛转动动画

实施步骤

第1步 创建定位器

01 打开 Maya 2015 中文版，打开随书光盘提供的场景文件"5.9 目标约束动画——眼睛转动（原始).mb"，如图 5-9-4 所示。

图 5-9-4 打开场景文件

02 执行"创建"→"定位器"命令，在场景中创建一个定位器用来控制左眼，并将其命名为 zuoyan_kongzhiqi，如图 5-9-5 所示。

图 5-9-5 为左眼创建定位器

03 在"大纲视图"窗口中选择"Eye-L"节点，如图 5-9-6 所示。按住 Ctrl 键选择"zuoyan_kongzhiqi"节点，执行"约束"→"点"命令，此时定位器的中心将与左眼的中心重合。

本任务要用目标约束控制眼睛的转动，所以并不需要点约束。因此可以在"大纲视图"窗口中按 Delete 键将左眼的节点删除，如图 5-9-7 所示。

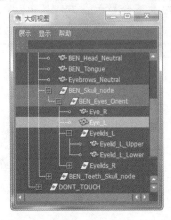
图 5-9-6 设置定位器与左眼中心重合

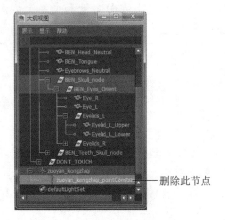
图 5-9-7 删除无用节点

04 用同样的方法为右眼创建一个定位器"youyan_kongzhiqi"。选择两个定位器，按 Ctrl+G 组合键为其创建一个组，命名为 kongzhiqi，如图 5-9-8 所示。将定位器拖动至远离眼睛的地方，如图 5-9-9 所示。

图 5-9-8 为定位器创建分组

图 5-9-9 调节定位器的位置

第 2 步 设置约束

01 分别选择"zuoyan_kongzhiqi"节点和"youyan_kongzhiqi"节点，执行"修改"→"冻结变换"命令，对变换属性值做归零处理，如图 5-9-10 所示。

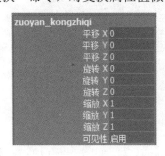

图 5-9-10 将定位器节点属性值归零及其效果

项目 5　基础动画制作

02　选择"zuoyan_kongzhiqi"节点,按住 Ctrl 键加选"左眼"节点,打开"目标约束选项"窗口,勾选"保持偏移"复选框,如图 5-9-11 所示。

图 5-9-11　设置目标约束选项

03　使用"移动工具"移动"zuoyan_kongzhiqi"节点,此时,可以观察到左眼模型跟随"zuoyan_kongzhiqi"节点一起运动,如图 5-9-12 所示。

图 5-9-12　测试左眼转动效果

04　用同样的方法为右眼模型和"youyan_kongzhiqi"节点设置目标约束。播放动画,观察动画效果。

 项目实训——制作飞龙盘旋动画

◎ 任务目的

以图 5-10-1 系列截图为参照,制作飞龙盘旋动画效果。通过本任务的学习,读者应学会"连接到运动路径"和"流动路径对象"等命令的使用方法。

图 5-10-1　飞龙盘旋动画截图

相关知识

利用"连接到运动路径"命令可以将选择的对象放置和连接到当前曲线,当前曲线将成为运动路径。"连接到运动路径选项"窗口如图 5-10-2 所示。

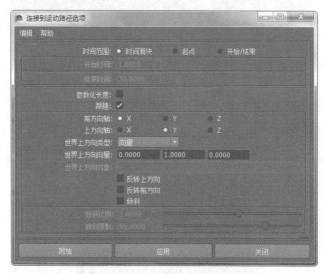

图 5-10-2 "连接到运动路径选项"窗口

以下是"连接到运动路径选项"窗口参数的介绍。

1)开始时间:指定运动路径动画的开始时间。仅当启用了"时间范围"选项组中的"开始"或"开始/结束"时可用。

2)结束时间:指定运动路径动画的结束时间。仅当启用了"时间范围"选项组中的"开始/结束"时可用。

3)参数化长度:指定 Maya 用于定位沿曲线移动的对象的方法。这里有两种方法,分别为参数化空间方法和参数化长度方法。

4)跟随:如果启用,Maya 会在对象沿曲线移动时计算它的方向。默认情况下启用该选项。如果将指向曲线的摄影机附加为运动路径,则应禁用"跟随"。

5)前方向轴:指定哪个对象的局部轴与前方向向量对象。这将在对象沿曲线移动时指定它的前方向。

① X:对齐局部 X 轴与前方向向量,指定 X 轴为对象的前方向轴。
② Y:对齐局部 Y 轴的前方向向量,指定 Y 轴为对象的前方向轴。
③ Z:对齐局部 Z 轴的前方向向量,指定 Z 轴为对象的前方向轴。

6)上方向轴:指定哪个对象的局部轴与上方向向量对齐。这将在对象沿曲线移动时指定它的上方向。上方向向量与"世界上方向类型"指定的世界上方向向量对齐。

① X:对齐局部 X 轴与上方向向量,指定 X 轴为对象的上方向轴。
② Y:对齐局部 Y 轴的上方向向量,指定 Y 轴为对象的上方向轴。
③ Z:对齐局部 Z 轴的上方向向量,指定 Z 轴为对象的上方向轴。

7）世界上方向类型：指定上方向向量对齐的世界上方向向量类型，选择包括"场景上方向"、"对象上方向"、"对象旋转上方向"、"向量"和"法线"5 种类型。

① 场景上方向：指定上方向向量尝试对准场景的上方向轴，而不是与世界上方向向量对齐。世界上方向向量将被忽略。用户可以在"首选项"窗口指定场景的上方向轴。默认场景上方向轴是世界空间正 Y 轴。

② 对象上方向：指定上方向向量尝试对准指定对象的原点，而不是与世界上方向向量对齐。世界上方向向量将被忽略。上方向向量尝试对准原点的对象称为世界上方向对象。用户可以使用"世界上方向对象"选项指定世界上方向对象。如果未指定世界上方向对象，上方向向量会尝试指向场景世界空间的原点。

③ 对象旋转上方向：指定相对于一些对象的局部空间，而不是根据场景的世界空间来定义世界上方向向量。在相对于场景的世界空间变换它后，上方向向量尝试与世界上方向向量对齐。上方向向量尝试对准原点的对象被称为世界上方向对象。可以使用"世界上方向对象"选项指定世界上方向对象。

④ 向量：指定上方向向量尝试尽可能紧密地与世界上方向向量对齐。世界上方向向量是相对于场景世界空间来定义的（这是默认设置）。使用"世界上方向向量"可以指定世界上方向向量相对于场景世界空间的位置。

⑤ 法线：指定"上方向轴"指定的轴将尝试匹配路径曲线的法线。曲线法线的插值不同，具体取决于路径曲线是否是世界空间中的曲线，或曲面曲线上的曲线。

如果路径曲线是世界空间中的一条曲线，那么曲线法线是曲面上任何一点指向曲线曲率中心的方向。路径曲线如图 5-10-3 所示。

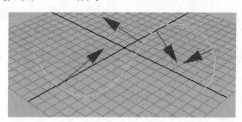

图 5-10-3　路径曲线

如果路径曲线是世界空间中的一个曲面，那么曲线法线是曲面上任何一点指向曲线曲率中心的方向。路径曲面如图 5-10-4 所示。

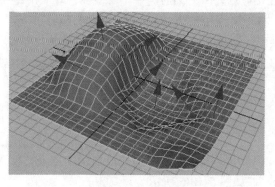

图 5-10-4　路径曲面

8)世界上方向向量:指定世界上方向向量相对于场景世界空间的方向。由于默认情况下 Maya 的世界空间 Y 轴向上,因此默认世界上方向向量指向世界空间正 Y 轴的方向 (0.0000, 1.0000, 0.0000)。

9)世界上方向对象:在"世界上方向类型"设置为"对象上方向"或"对象旋转上方向"的情况下,指定世界上方向向量尝试对齐的对象。例如,用户可以将世界上方向对象指定为一个可以根据需要旋转的定位器,以便在对象沿曲线移动时防止任何突然的翻转问题。

① 反转上方向:如果启用该选项,则"上方向轴"会尝试使其与上方向向量的逆方向对齐。

② 反转前方向:反转对象沿曲线指向的前方向。当尝试定向摄影机,以便它沿曲线指向前方向时,此选项尤为有用。例如,用户已经使摄影机沿曲线指向后方向,但是使摄影机指向前方向非常困难,此时通过勾选"反转前方向"复选框,可以根据需要使摄影机沿曲线指向前方向。

③ 倾斜:倾斜意味着对象将朝曲线曲率的中心倾斜,该曲线是对象移动所沿的曲线(类似于摩托车转弯)。仅当启用了"跟随"选项时,"倾斜"选项才可用,因为倾斜也会影响对象的旋转。

路径动画会自动计算要发生的倾斜量,这取决于路径曲线的弯曲程度。用户可以使用"倾斜比例"和"倾斜限制"选项调整倾斜量。

10)倾斜比例:如果增加倾斜比例,那么倾斜效果会更加明显。例如,如果"倾斜比例"设置为 2,则该对象将比计算的默认倾斜大 2 倍。可以为"倾斜比例"输入负值,此时对象向外倾斜,远离曲线曲率中心。例如,用户可以在从一侧抛到另一侧的过山车动画角色中使用负值。

11)倾斜限制:"倾斜限制"允许用户限制倾斜量。该选项会按给定量限制倾斜。在曲线为直线时不会出现倾斜。

 任务实施

技能点拨:①打开场景文件;②创建一个螺旋体,在"通道盒"中设置参数;③将螺旋线转化为曲线;④切换到"动画"模块,将龙模型"连接到运动路径选项",设置流动路径对象选项;⑤选择柱子模型,在"通道盒"中设置缩放数值;⑥播放动画,观察动画效果。

视频:制作飞龙盘旋动画

实施步骤

第 1 步 创建螺旋线

01 打开 Maya 2015 中文版,打开随书光盘提供的场景文件"5.10 综合案例——飞龙盘旋动画(原始).mb",如图 5-10-5 所示。

02 执行"创建"→"多边形基本体"→"螺旋体"命令,在场景中创建一条螺旋体,如图 5-10-6 所示。

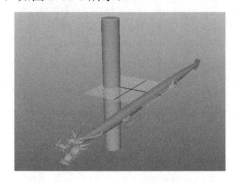

图 5-10-5 打开场景文件

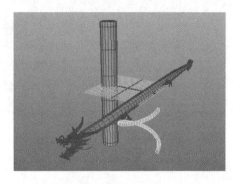

图 5-10-6 创建螺旋体

03 选择螺旋体,在"通道盒"中设置"圈数"为 4.6,"高度"为 29.5,"宽度"为 13,"半径"为 0.4,如图 5-10-7 所示。

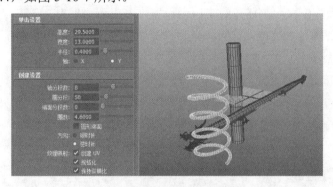

图 5-10-7 在"通道盒"中设置参数

04 使用"移动工具"将螺旋体拖动到柱子模型上,如图 5-10-8 所示。

05 进入螺旋体模型的"边"级别,如图 5-10-9 所示。在一条横向的边上双击,即可选择一整条线,如图 5-10-10 所示。

06 执行"修改"→"转化"→"多边形边到曲线"命令,将选择的边转化为曲线。

07 选择螺旋体模型,按 Delete 键将其删除,只保留转化出来的螺旋线,效果如图 5-10-11 所示。

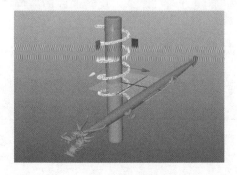

图 5-10-8 拖动螺旋体

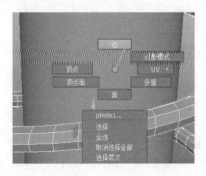

图 5-10-9 进入"边"级别

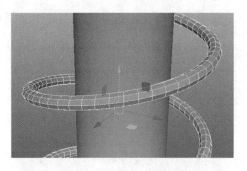
图 5-10-10　选择一整条线

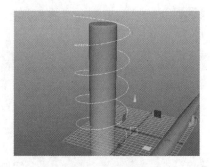
图 5-10-11　删除螺旋体

小贴士

因为转化出来的曲线段数量非常大，所以需要重建曲线。

08 切换到"曲面"模块，单击"编辑曲线"→"重建曲线"命令后面的按钮，打开"重建曲线选项"窗口。在打开的窗口中设置"参数范围"为 0 到跨度数，并在"保持"选项组中勾选"切线"复选框，设置"跨度数"为 24，如图 5-10-12 所示。

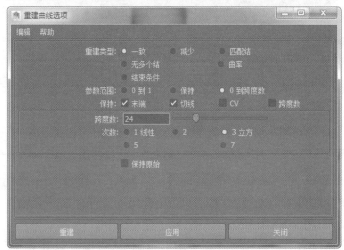

图 5-10-12　设置重建曲线的参数

09 选择曲线，执行"编辑曲线"→"反转曲线方向"命令，反转曲线的方向，如图 5-10-13 所示。

小贴士

反转曲线方向后，曲线的开始端位于 Y 轴的负方向上，这样龙在运动中会自下而上地绕着柱子盘旋上升。

10 进入曲线的"控制顶点"级别，用"移动工具"将曲线的结束点延长，使龙在运动中不显僵硬，如图 5-10-14 所示。

图 5-10-13 执行"反转曲线方向"命令

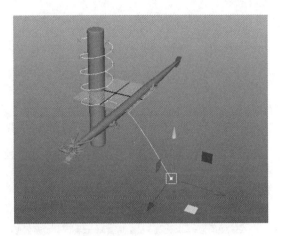
图 5-10-14 延长曲线

第 2 步 创建运动路径动画

01 切换到"动画"模块,选择龙模型,按住 Shift 键加选曲线,单击"动画"→"运动路径"→"连接到运动路径"命令后面的按钮,打开"连接到运动路径选项"窗口,设置"前方向轴"为 Z 轴,如图 5-10-15 所示。

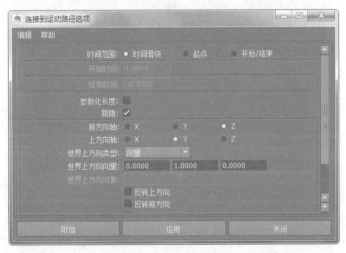

图 5-10-15 设置"连接到运动路径选项"窗口参数

02 选择龙模型,单击"动画"→"运动路径"→"流动路径对象"命令后面的按钮,打开"流动路径对象选项"窗口,设置"分段"选项组中的"前"参数为 24,效果如图 5-10-16 所示。

03 选择柱子模型,在"通道盒"中设置"缩放 X"和"缩放 Z"为 0.4,如图 5-10-17 所示。

04 播放测试动画,可以观察到龙模型沿着运动路径曲线围绕柱子盘旋上升,如图 5-10-18 所示。

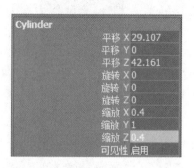

图 5-10-16　设置"流动路径对象选项"窗口参数后的效果　　图 5-10-17　设置"通道盒"参数

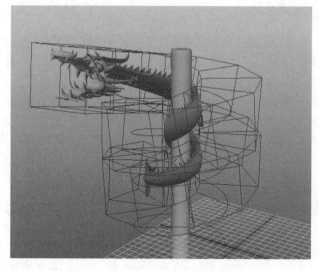

图 5-10-18　测试龙盘旋而上效果

项目 6 骨骼绑定及动画制作

◎ **项目导读**

在 3D 软件中,角色的骨架系统对动画效果起着举足轻重的作用,可以说角色骨架系统的创建是角色动画的基础。本项目将利用 Maya 的骨架系统功能为一个卡通角色模型创建骨架系统,如下图所示。

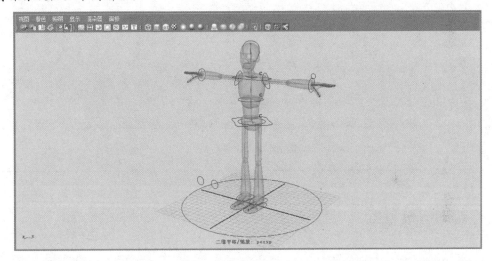

骨骼绑定参考

◎ **学习目标**
- 掌握骨架系统的创建方法。
- 掌握约束的应用,以及骨骼装配的思路和方法。
- 掌握为角色进行蒙皮的必要技巧。
- 熟悉制作骨骼动画的原理和流程。

◎ **思政目标**
- 树立正确的学习观、价值观,自觉践行行业道德规范。
- 牢固树立质量第一、信誉第一的强烈意识。
- 遵规守纪,团结协作,爱护设备,钻研技术。
- 感受动画之美,发扬一丝不苟、精益求精的工匠精神。

任务 6.1　创建角色骨架系统

◎ 任务目的

制作如图 6-1-1 所示的骨架系统。通过本任务的学习，读者应熟悉并掌握骨架系统的创建方法和骨骼的装配思路。

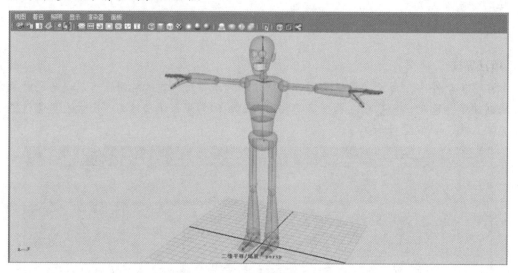

图 6-1-1　骨架系统

相关知识

1. 关节的概念

关节是骨骼中骨头之间的连接点，关节的转动可以带动骨头的方位发生改变。

2. 物体约束的方法

1）点约束：能够使一个物体的运动带动另一个物体的运动，即将一个物体的运动匹配到另一个物体上。

2）目标约束：用目标物体控制被约束物体的方向，使被约束物体的一个轴向总是瞄准目标物体。

3）方向约束：将旋转约束匹配一个或多个物体的方向，此约束主要用于同时控制多个物体的方向。

4）缩放约束：可以使物体跟随一个或多个物体缩放。

5）父对象约束：可以使约束对象像目标体的子物体一样跟随目标体运动，它们会保持当前的相对空间方位，包括位置和方向。

6）极向量约束：使极向量重点跟随目标体移动，在角色设置中，胳膊关节链的 IK 控制柄的极向量经常限制在角色后面的定位器上。

在本任务中，将具体应用相关约束方法，并设置受驱动关键帧，通过受驱动关键帧将一个对象的一个或多个属性连接到另一个对象的相应属性，完成最终的骨架系统制作。

任务实施

技能点拨：①打开场景文件，根据角色形态创建骨架；②创建骨架控制器；③根据骨架的运动特点为骨架创建 IK 控制柄及约束；④将骨架、IK 控制柄和控制器分别进行编组，方便场景的管理和动画的设置；⑤为控制器添加需要的属性，从而驱动骨架运动。

实施步骤

第 1 步 打开场景文件

打开 Maya 2015 中文版，执行"文件"→"打开场景"命令，打开本任务的场景文件，如图 6-1-2 所示。

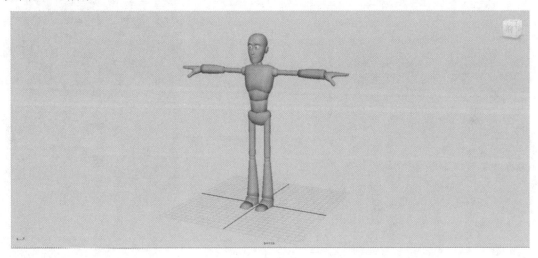

图 6-1-2 场景文件

第 2 步 创建腿部骨架

01 单击"骨架"→"关节工具"命令后面的按钮，打开"工具设置"对话框，在"方向设置"选项组中设置"次轴"为无，如图 6-1-3 所示。

02 在右视图中，利用鼠标在关节处依次创建腿根部、膝盖、脚踝、脚掌和脚尖关节，创建完成后按 Enter 键确认，如图 6-1-4 所示。

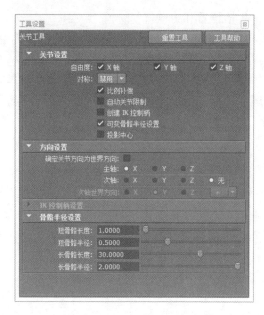

图 6-1-3 "工具设置"对话框

03 执行"窗口"→"大纲视图"命令,在"大纲视图"窗口中以"L_"为前缀分别对骨架进行命名,如图 6-1-5 所示。

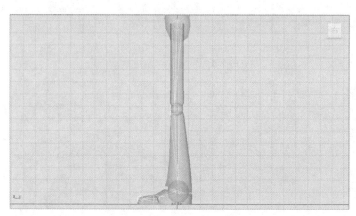

图 6-1-4 创建腿部关节

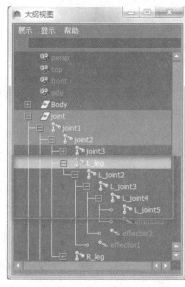

图 6-1-5 修改骨架命名

04 在前视图中使用"移动工具"将骨架拖动到模型的左腿位置,如图 6-1-6 所示。

05 在前视图中依次选择左腿、左脚骨架,单击"骨架"→"镜像关节"命令后面的按钮,打开"镜像关节选项"窗口,具体参数设置如图 6-1-7 所示,镜像出右腿、右脚骨架,并修改骨架命名,效果如图 6-1-8 所示。

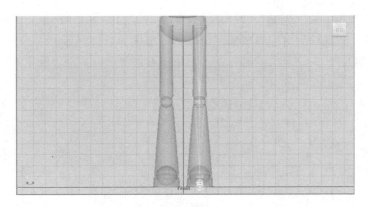

图 6-1-6　修改位置

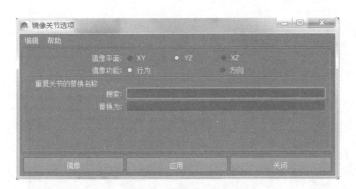

图 6-1-7　修改参数

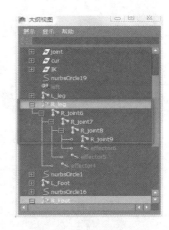

图 6-1-8　修改骨架命名

第 3 步　创建手臂和手部骨架

01　单击"骨架"→"关节工具"命令后面的按钮，打开"工具设置"对话框，在"方向设置"选项组中设置"次轴"为 Y，如图 6-1-9 所示。

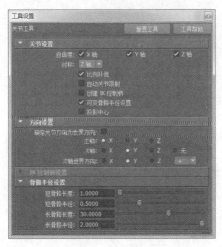

图 6-1-9　设置次轴

02 在顶视图中依次创建手臂和手的骨架关节，如图 6-1-10 所示。在透视图中使用"移动工具"将骨架拖动到对应模型的左臂位置，如图 6-1-11 所示。

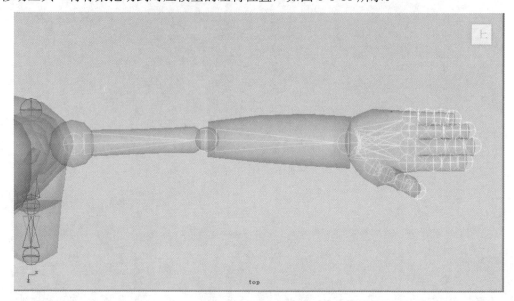

图 6-1-10　创建手臂和手的骨架关节

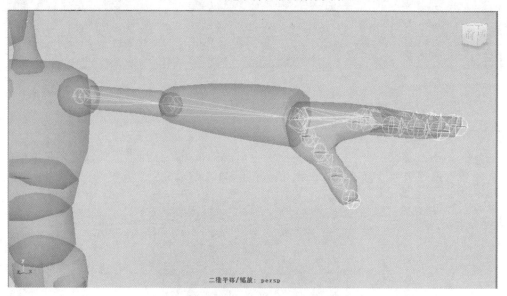

图 6-1-11　调整骨骼位置

03 在透视图中选择左手手臂骨架，执行"修改"→"添加层次名称前缀"命令，修改骨架的前缀为"L_"，如图 6-1-12 所示。

04 在透视图中选择左手手臂骨架，单击"骨架"→"镜像关节"命令后面的按钮，打开"镜像关节选项"窗口，具体参数设置如图 6-1-7 所示，镜像后为右手手臂骨架命名，如图 6-1-13 所示。

图 6-1-12　修改左手手臂骨架命名

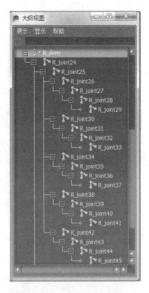

图 6-1-13　修改右手手臂骨架命名

第 4 步　创建其他骨架

01　在侧视图中按照关节的位置从下向上依次创建脊椎骨架和头部骨架,创建完成后按 Enter 键确认,如图 6-1-14 所示。

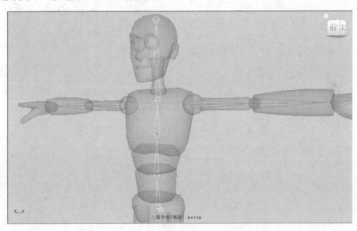

图 6-1-14　创建脊椎和头部骨架

02　选择"L_leg"(左腿)关节加选"joint2"(脊椎 2)关节,按 P 键将其设置为父子关系,如图 6-1-15 所示。

03　选择"L_Arm"(左手臂)关节加选"joint5"(脊椎 5)关节,按 P 键将其设置为父子关系,如图 6-1-16 所示。

04　使用同样的方法设置"R_leg"(右腿)关节和"joint2"(脊椎 2)关节、"R_Arm"(右手臂)关节和"joint5"(脊椎 5)关节的父子关系。连接右手臂与脊椎骨骼如图 6-1-17 所示。

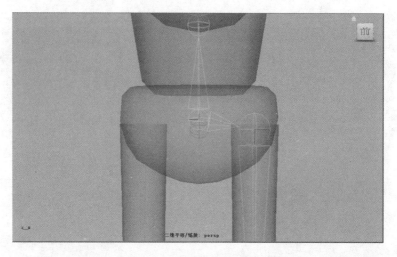

图 6-1-15　连接左腿与脊椎骨骼

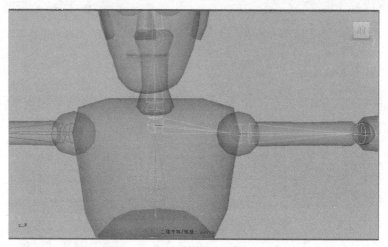

图 6-1-16　连接左手臂与脊椎骨骼

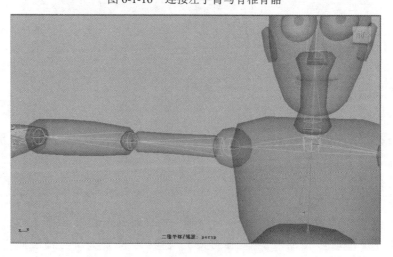

图 6-1-17　连接右手臂与脊椎骨骼

第 5 步　创建控制器

01　执行"曲线"→"NURBS 圆形"命令，依次为脚、脚踝、膝盖、胯部、腰部、腹部、肩部、手腕、肘部、肩膀、头部创建控制器，效果如图 6-1-18 所示。

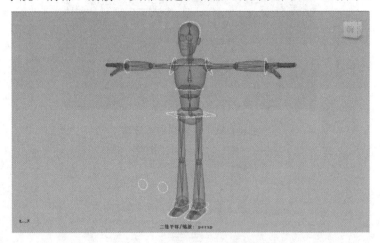

图 6-1-18　创建圆形控制器

02　选择所有圆形控制器，执行"修改"→"冻结变换"命令，如图 6-1-19 所示。

03　打开"大纲视图"窗口，选择所有骨架，将其合并为一组并命名为 joint，再选择所有圆形控制器，将其合并为一组并命名为 cur，如图 6-1-20 所示。

图 6-1-19　冻结变换记录

图 6-1-20　创建两个组

第 6 步　创建腿部 IK 控制柄及约束

01　单击"骨架"→"IK 控制柄工具"命令后面的按钮，打开"工具设置"对话框，设置"当前解算器"为旋转平面解算器，如图 6-1-21 所示。

02　使用"IK 控制柄工具"以"L_leg"（左腿根部）为起始关节，以"L_joint5"（脚尖）为结束关节，创建 IK 控制柄，如图 6-1-22 所示。

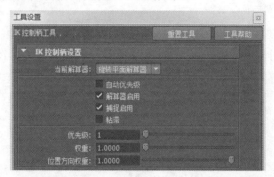

图 6-1-21　设置当前解算器

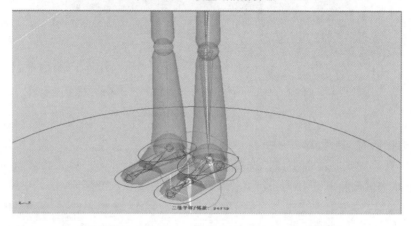

图 6-1-22　创建 IK 控制柄

03　在"大纲视图"窗口中选择"ikHandle1"，加选骨架"L_joint4"，按 P 键设置其父子关系。利用同样的方法依次为"ikHandle2"与"L_joint3"、"ikHandle3"与"L_joint2"设置父子关系，如图 6-1-23 所示。

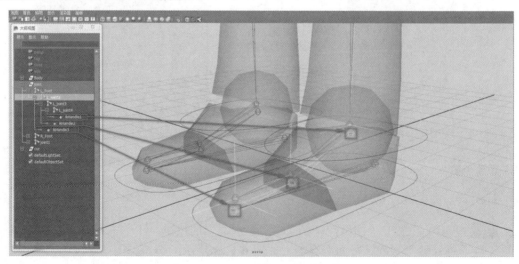

图 6-1-23　设置脚步约束

04 执行"动画"→"设置受驱动关键帧"→"设置"命令，打开"设置受驱动关键帧"窗口，如图6-1-24所示。

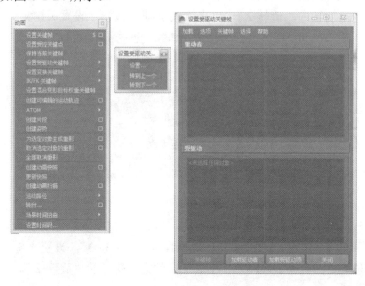

图6-1-24　打开"设置受驱动关键帧"窗口

05 选择左脚踝控制器"nurbsCircle2"，单击"加载驱动者"按钮将其加载到"驱动者"列表框中，依次选择骨架"L_joint3"、"L_joint2"与"L_Foot"，单击"加载受驱动项"按钮将其加载到"受驱动"列表框中，如图6-1-25所示。

06 选择左脚踝控制器"nurbsCircle2"的"旋转X"参数，同时加选骨架"L_joint3"、"L_joint2"与"L_Foot"的"旋转Z"参数，单击"关键帧"按钮，设置关键帧，如图6-1-26所示。

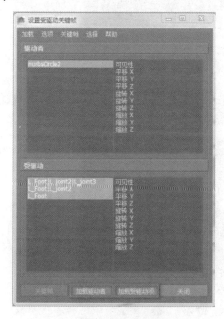

图6-1-25　加载驱动与被驱动物体

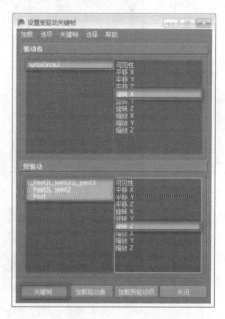

图6-1-26　设置关键帧

07 选择左脚踝控制器"nurbsCircle2",按 E 键进行旋转,设置"旋转 X"参数为 30;再选择骨架"L_joint3",设置"旋转 Z"参数为 30(图 6-1-27);选择驱动者的"旋转 X",加选所有受驱动者的"旋转 Z",单击"关键帧"按钮,设置关键帧。

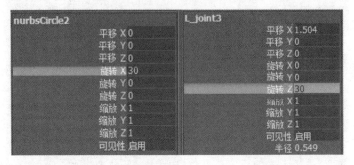

图 6-1-27　修改"旋转 X"和"旋转 Z"参数(一)

08 选择左脚踝控制器"nurbsCircle2",设置"旋转 X"参数为 60;再选择骨架"L_joint2",设置"旋转 Z"参数为-30,选择骨架"L_joint3",设置"旋转 Z"参数为 0(图 6-1-28);选择驱动者"旋转 X",再加选所有受驱动者的"旋转 Z",单击"关键帧"按钮,设置关键帧。

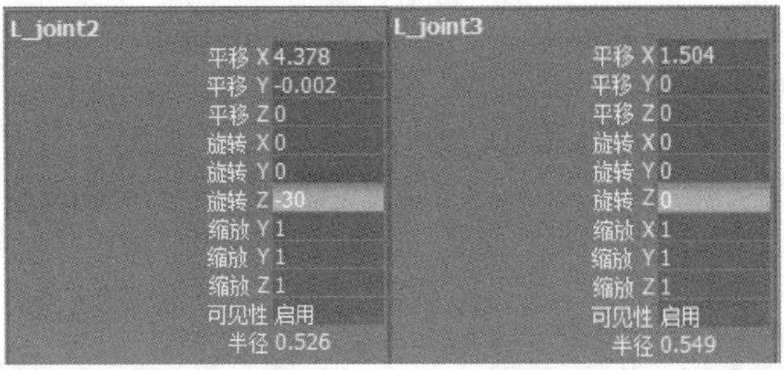

图 6-1-28　修改"旋转 Z"参数

09 选择左脚踝控制器"nurbsCircle2",设置"旋转 X"参数为-30;再选择骨架"L_Foot",设置"旋转 Z"参数为-30(图 6-1-29);选择驱动者"旋转 X",加选所有受驱动者的"旋转 Z",单击"关键帧"按钮,设置关键帧。

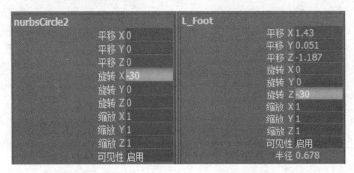

图 6-1-29　修改"旋转 X"和"旋转 Z"参数(二)

10 选择左脚踝控制器"nurbsCircle2"、骨架"L_Foot",加选"nurbsCircle1",按 P 键设置其父子关系,效果如图 6-1-30 所示。

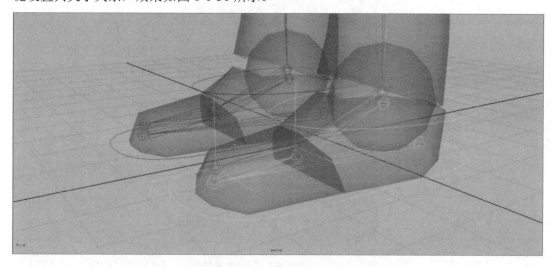

图 6-1-30 设置左脚控制器父子关系

11 选择左膝盖控制器"nurbsCircle14",加选"ikHandle1",执行"约束"→"极向量"命令,效果如图 6-1-31 所示。

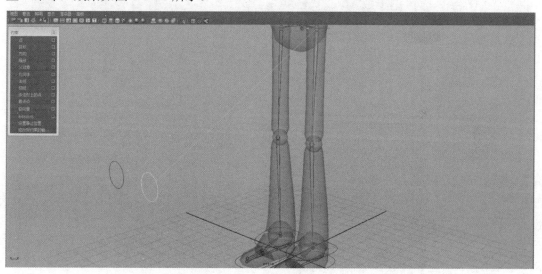

图 6-1-31 设置左腿极向量

12 选择左脚踝控制器"nurbsCircle2",单击"显示/隐藏属性编辑器"按钮,打开"属性编辑器"面板,修改其"平移""旋转""缩放"属性,如图 6-1-32 所示。至此左腿的 IK 控制柄及约束全部制作完成。

13 使用以上制作左腿 IK 控制柄及约束的方法制作右腿的 IK 控制柄及约束,如图 6-1-33 所示。

图 6-1-32　修改左脚踝控制器属性

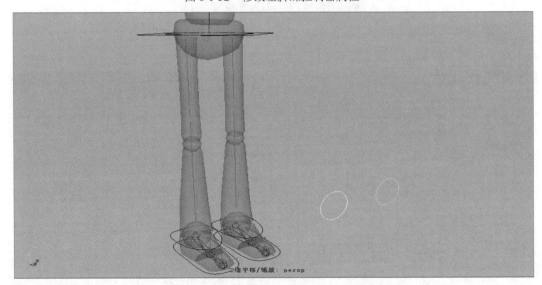

图 6-1-33　制作右腿 IK 控制柄及约束

第 7 步　创建双臂 IK 控制柄及约束

01　单击"骨架"→"IK 控制柄工具"命令后面的按钮,打开"工具设置"对话框,设置"当前解算器"为旋转平面解算器。

02　使用"IK 控制柄工具"以骨架"L_joint9"(左肩膀)为起始关节,以骨架"L_joint3"(手腕)为结束关节,创建 IK 控制柄,如图 6-1-34 所示。

03　选择左肩控制器"nurbsCircle8",加选"ikHandle7",单击"约束"→"点"命令后面的按钮,打开"点约束选项"窗口,勾选"保持偏移"复选框,单击"应用"按钮,如图 6-1-35 所示。

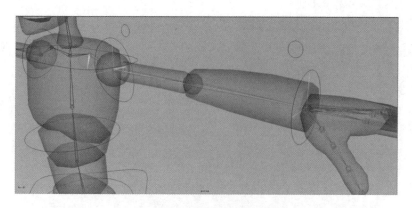

图 6-1-34 设置左臂 IK 控制柄

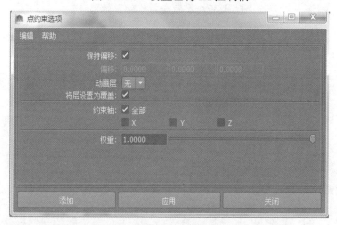

图 6-1-35 勾选"保持偏移"复选框

04 选择左手控制器"nurbsCircle9",加选"ikHandle8",执行"约束"→"点"命令,效果如图 6-1-36 所示。

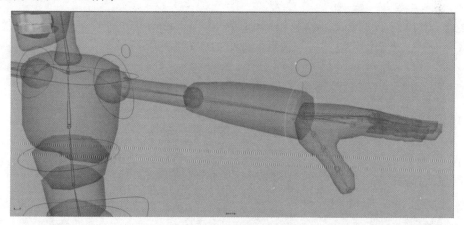

图 6-1-36 设置约束效果

05 选择左手肘部控制器"nurbsCircle11",加选"ikHandle8",执行"约束"→"极向量"命令,效果如图 6-1-37 所示。

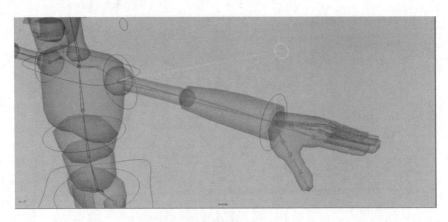

图 6-1-37 设置左臂极向量效果

06 使用以上制作左臂 IK 控制柄及约束的方法制作右臂的 IK 控制柄及约束，效果如图 6-1-38 所示。

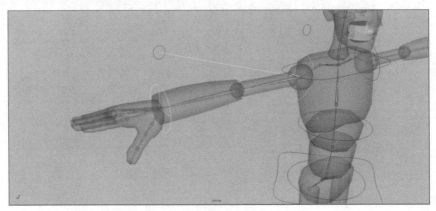

图 6-1-38 设置右臂 IK 控制柄及约束

07 选择左右两肩控制器"nurbsCircle17""nurbsCircle8"，加选肩部控制器"nurbsCircle7"，按 P 键设置其父子关系，效果如图 6-1-39 所示。

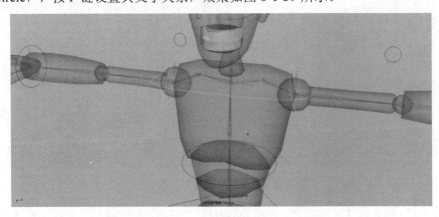

图 6-1-39 设置肩部控制器父子关系

第 8 步　创建脊椎 IK 样条线控制柄及约束

01　执行"骨架"→"IK 样条线控制柄工具"命令，以骨架"joint2"为起始关节，以骨架"joint5"为结束关节，创建 IK 样条线控制柄，如图 6-1-40 所示。

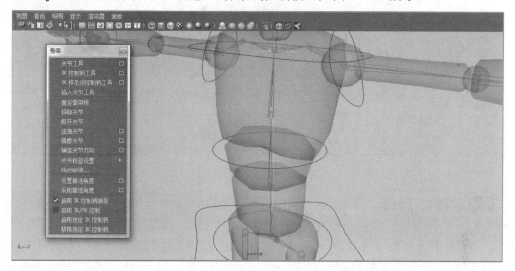

图 6-1-40　创建 IK 样条线控制柄

02　在"大纲视图"窗口中找到 IK 样条线 curve1，单击"隔离选择"按钮，选择 IK 样条线 curve1 并右击，在弹出的快捷菜单中选择"控制顶点"命令。

03　选择 IK 样条线 curve1 中间的两个点，单击"创建变形器"→"簇"命令后面的按钮，打开"簇选项"窗口，勾选"相对"复选框，单击"应用"按钮，如图 6-1-41 所示。

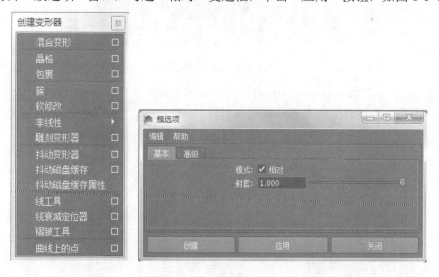

图 6-1-41　创建簇（一）

04　使用同样的方法为 IK 样条线 curve1 上下两个端点创建簇，再次单击"隔离选择"按钮，取消隔离选择，如图 6-1-42 所示。

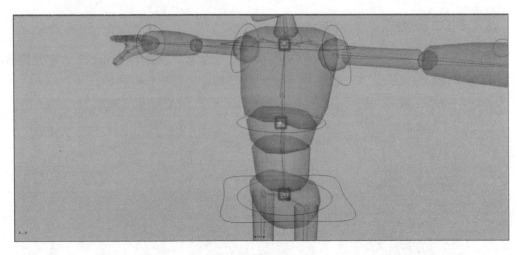

图 6-1-42　创建簇（二）

05 为了方便选择"簇"，在"大纲视图"窗口中选择"cluster1Handle"，单击"显示/隐藏属性编辑器"按钮，打开"属性编辑器"面板，选择"cluster1HandleShape"选项卡，将原点的 Z 轴数值设置为-3，如图 6-1-43 所示。用同样的方法修改"cluster2Handle""cluster3Handle"的 Z 轴数值。

图 6-1-43　修改簇点位置

06 依次选择簇"cluster1Handle""cluster2Handle""cluster3Handle"，加选骨架"joint1"，按 P 键设置其父子关系，如图 6-1-44 所示。

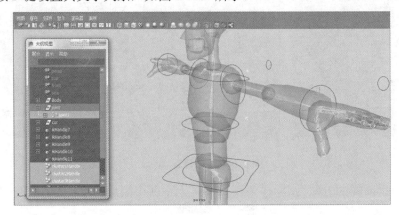

图 6-1-44　簇点与骨架进行约束

07 选择肩部控制器"nurbsCircle7",并加选"cluster2Handle",单击"约束"→"点"命令后面的按钮,打开"点约束选项"窗口,勾选"保持偏移"复选框,再单击"应用"按钮,设置点约束,如图 6-1-45 所示。

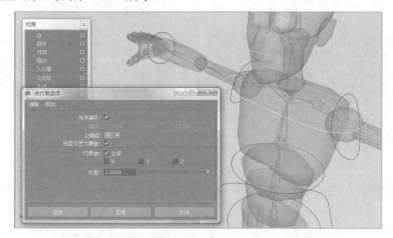

图 6-1-45　肩部进行点约束

08 利用同样的方法为腹部控制器"nurbsCircle6"与"cluster1Handle"、腰部控制器"nurbsCircle4"与"cluster3Handle"设置点约束,效果如图 6-1-46 所示。

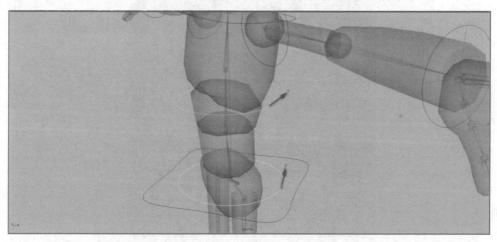

图 6-1-46　控制器与簇点进行约束

09 自上而下依次选择控制器"nurbsCircle7""nurbsCircle6""nurbsCircle4",加选胯部控制器"nurbsCircle5",按 P 键设置其父子关系。选择胯部控制器"nurbsCircle5",再加选骨架"joint1",单击"约束"→"父对象"命令后面的按钮,打开"父约束选项"窗口,勾选"保持偏移"复选框,单击"应用"按钮,设置父约束,如图 6-1-47 所示。

10 执行"窗口"→"常规编辑器"→"连接编辑器"命令,打开"连接编辑器"窗口,选择肩部控制器"nurbsCircle7",单击"重新加载左侧"按钮,选择"rotate"→"rotate Y"选项;选择 IK 样条线控制柄"ikHandle11",单击"重新加载右侧"按钮,选择"twist"选项,单击"关闭"按钮,如图 6-1-48 所示。

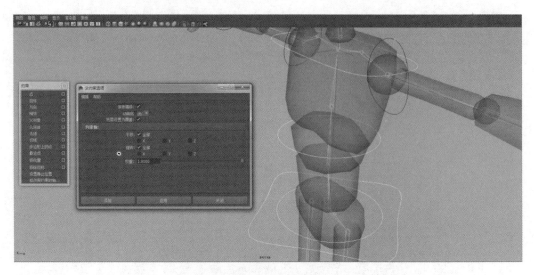

图 6-1-47　设置父约束

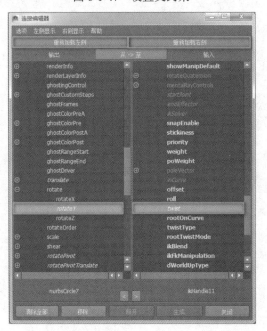

图 6-1-48　连接设置

11　选择肩部控制器"nurbsCircle7",加选腹部控制器"nurbsCircle6",按 P 键设置其父子关系。

12　依次选择控制器"nurbsCircle18""nurbsCircle9""nurbsCircle18""nurbsCircle12""nurbsCircle11""nurbsCircle14""nurbsCircle13",加选胯部控制器"nurbsCircle5",按 P 键设置其父子关系。

第 9 步　创建头部 IK 控制柄及约束

01　为骨架"joint6"创建 IK 控制柄,如图 6-1-49 所示。

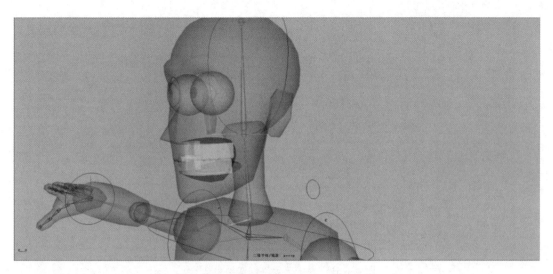

图 6-1-49　创建"joint6"的 IK 控制柄

02 选择头部控制器"nurbsCircle10",加选骨架"joint7",单击"约束"→"方向"命令后面的按钮,打开"方向约束选项"窗口,勾选"保持偏移"复选框,单击"应用"按钮,如图 6-1-50 所示。

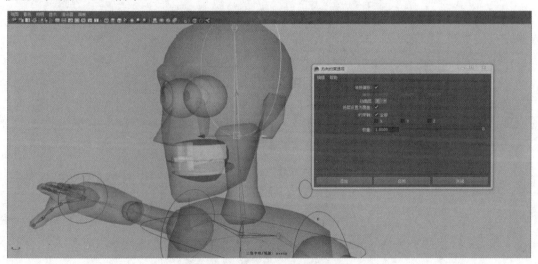

图 6-1-50　为头部骨骼创建约束（一）

03 选择头部控制器"nurbsCircle10",加选 IK 控制柄"ikHandle12",单击"约束"→"点"命令后面的按钮,打开"点约束选项"窗口,勾选"保持偏移"复选框,单击"应用"按钮,如图 6-1-51 所示。

04 选择头部控制器"nurbsCircle10",加选胯部控制器"nurbsCircle5",按 P 键设置其父子关系,如图 6-1-52 所示。

05 在"大纲视图"窗口中选择 IK 控制柄,按 Ctrl+G 组合键进行打组,并修改命名为 IK,如图 6-1-53 所示。

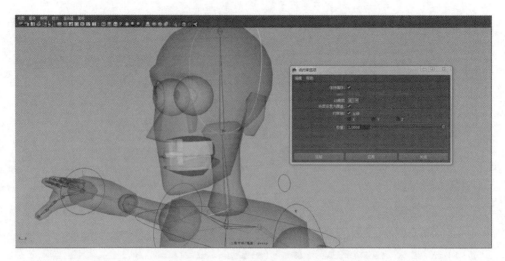

图 6-1-51　为头部骨骼创建约束（二）

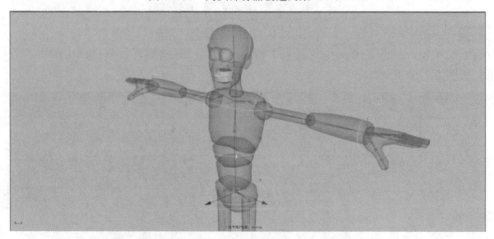

图 6-1-52　为头部控制器创建父子关系

图 6-1-53　整理大纲

第 10 步　创建全身控制器及约束

01　在透视图中创建一个较大的圆形并放在最底部，执行"修改"→"冻结变换"命令，效果如图 6-1-54 所示。

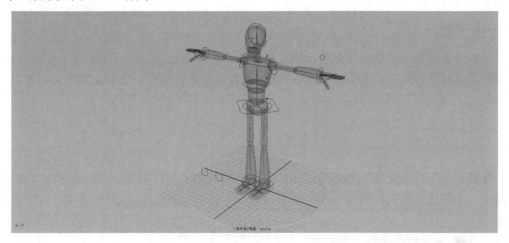

图 6-1-54　创建整体控制器效果

02　选择控制器"nurbsCircle19"，加选骨架组"joint"，单击"约束"→"父对象"命令后面的按钮，打开"父约束选项"窗口，勾选"保持偏移"复选框，单击"应用"按钮。单击"约束"→"缩放"命令后面的按钮，打开"缩放约束选项"窗口，勾选"保持偏移"复选框，单击"应用"按钮，如图 6-1-55 所示。

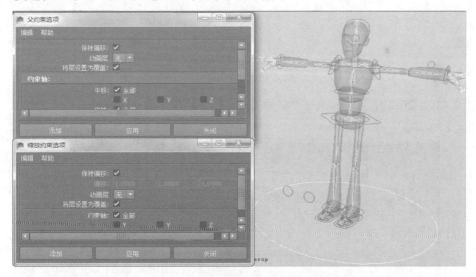

图 6-1-55　对整体控制器进行约束

03　用同样方法，依次为控制器"nurbsCircle19"与控制器组"cur"、控制器"nurbsCircle19"与 IK 控制柄组 IK 做"父对象"和"缩放"约束。

至此，骨架、IK 控制工具的创建及约束完成。

 制作蒙皮与绘制权重

◎ 任务目的

本任务将角色模型与骨架建立绑定连接关系，使角色模型能够跟随骨架运动产生类似皮肤的变形效果。通过本任务的学习，读者应掌握蒙皮与权重的设置方法与技巧。

 相关知识

骨骼与模型是相互独立的，为了让骨骼驱动模型产生合理的运动，就要把模型绑定到骨骼上，即蒙皮。权重绘制即修改当前平滑蒙皮上权重值的强度。

 任务实施

技能点拨：①打开已经做好骨架系统的场景文件；②使用"平滑绑定"命令对角色进行蒙皮；③使用"绘制蒙皮权重工具"命令对蒙皮权重进行绘制。

视频：制作蒙皮

实施步骤

第 1 步　打开场景文件

打开 Maya 2015 中文版，执行"文件"→"打开场景"命令，打开本任务的场景文件，如图 6-2-1 所示。

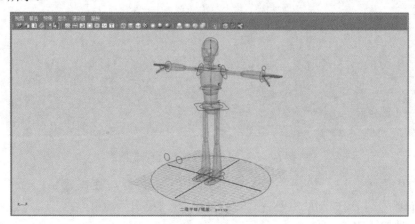

图 6-2-1　打开场景文件

第 2 步 蒙皮

在"大纲视图"窗口中,选择模型,加选骨架组,执行"蒙皮"→"绑定蒙皮"→"平滑绑定"命令,将模型与骨架进行蒙皮操作,如图 6-2-2 所示。蒙皮后的骨架将以彩色进行显示。

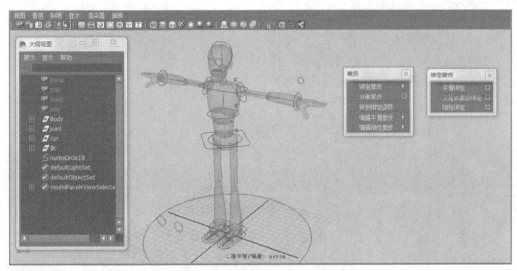

图 6-2-2　执行蒙皮操作

此时,旋转头部控制器,发现头部不能被完全控制,出现变形,如图 6-2-3 所示。

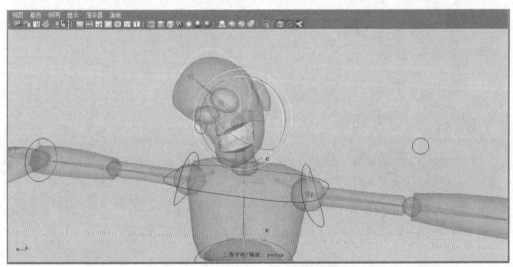

图 6-2-3　旋转头部查看效果

第 3 步 绘制权重

01 选择头部模型,单击"蒙皮"→"编辑平滑蒙皮"→"绘制蒙皮权重工具"命令后面的按钮,打开"工具设置"对话框,选择骨架"joint7",并将权重的"值"调整为 1,

将头部的模型绘制为白色，如图 6-2-4 所示。

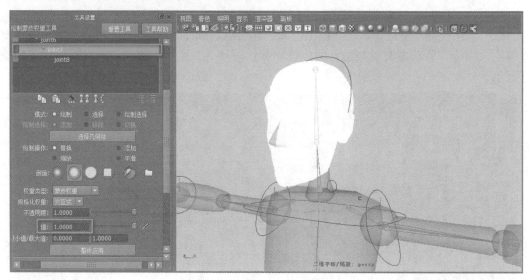

图 6-2-4　调整头部蒙皮权重值

02　选择左手模型，单击"蒙皮"→"编辑平滑蒙皮"→"绘制蒙皮权重工具"命令后面的按钮，打开"工具设置"对话框，选择骨架"L_joint3"，并将权重的"值"调整为 1，将左手的模型绘制为白色，如图 6-2-5 所示。

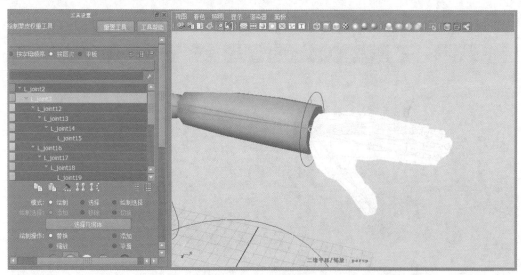

图 6-2-5　调整左手权重值

03　设置左手下臂骨架模型的权重，如图 6-2-6 所示。
04　设置左手上臂、左肩骨架模型的权重。调整左肩权重值如图 6-2-7 所示。
05　设置角色模型其他骨架的权重，最终效果如图 6-2-8 和图 6-2-9 所示。

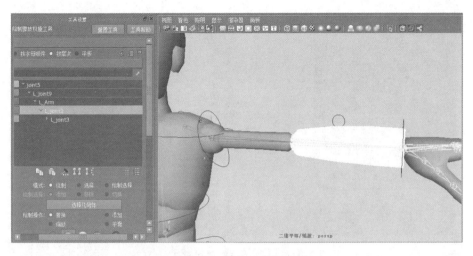

图 6-2-6　调整左手下臂权重值

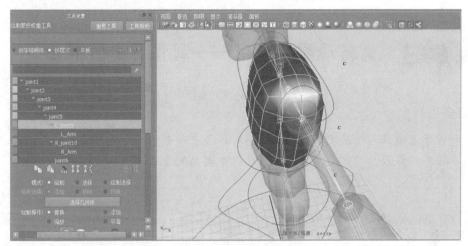

图 6-2-7　调整左肩权重值

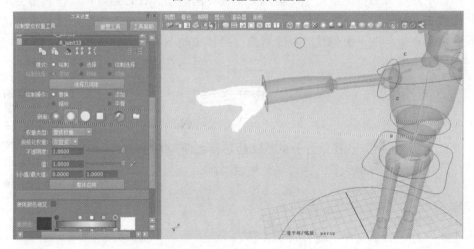

图 6-2-8　调整右手权重值

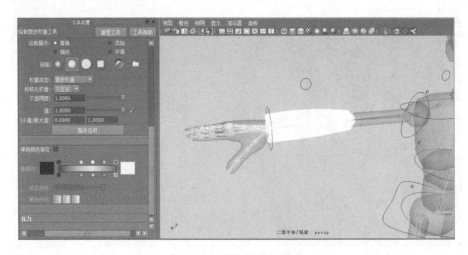

图 6-2-9　调整右臂权重值

任务 6.3　骨骼动画的应用——制作行走的小人

◎ **任务目的**

初步学习制作人物两足行走动画，同时结合手部制作一个完整的人物行走动画。通过本任务的学习，读者应掌握制作人物行走动画的方法。

相关知识

人物行走最显著的特征就是手足运动呈交叉反向运动。在行走时，人体躯干会呈现高低起伏的状态，身体的上下移动赋予了人物重力感，当身体下落时人能感受到重量，腿伸直时没有承载重量，在下降位置时双腿弯曲，身体主动下降使人感受到重量。

任务实施

技能点拨：①打开已经做好骨架系统的场景文件；②进行时间预设；③摆放角色初始位置；④设置关键帧动画。

视频：骨骼动画的应用

实施步骤

第 1 步　打开场景文件，进行初步设置

01 打开 Maya 2015 中文版，执行"文件"→"打开场景"命令，打开本任务的场景文件，如图 6-3-1 所示。

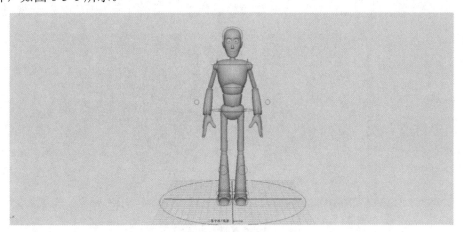

图 6-3-1　打开场景文件

02　单击状态行上的"选择曲面对象"按钮 ，"选择关节对象"按钮 ，关闭面、骨架的选择，使模型、骨架未被选择。单击"首选项"按钮 ，打开"首选项"窗口，进行时间预设，如图 6-3-2 所示，单击"保存"按钮保存设置。

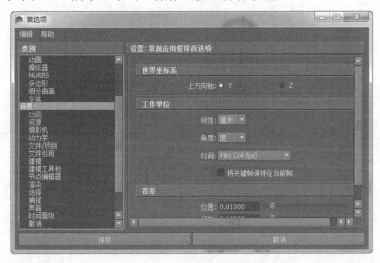

图 6-3-2　"首选项"窗口

第 2 步　设置脚部与腿部动画

01　调节人物脚部的控制器，设置两只脚的初始姿势，这里设置为左脚在前、右脚在后，并调节重心略微向下，设置好后按 S 键分别为控制左右脚、胯部的控制器设置关键帧，如图 6-3-3 所示。

02　单击"时间"滑块的第 24 帧，使角色保持第一步所设置的动作不变，分别为脚部、胯部控制器设置一个关键帧。

03　在第 12 帧时，将第 24 帧左右脚分别复制到第 12 帧人物的右左脚位置，为脚部、胯部控制器各设置一个关键帧，如图 6-3-4 所示。

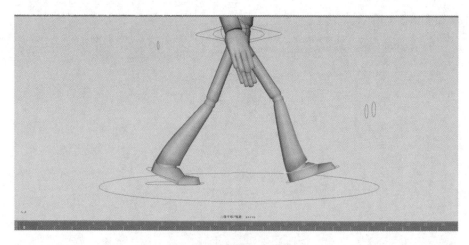

图 6-3-3　设置初始姿势

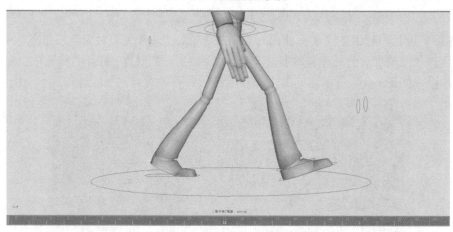

图 6-3-4　设置第 12 帧腿部姿势

04　单击第 6 帧，将左脚伸直，右脚抬起，重心略微上移，按 S 键设置一个关键帧，如图 6-3-5 所示。

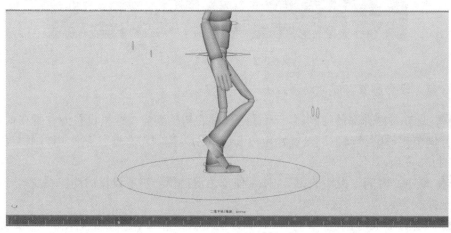

图 6-3-5　设置第 6 帧姿势

05 第 18 帧与第 6 帧脚部、重心位置相同，只需将两脚的位置进行交叉互换。将第 6 帧左右脚的位置复制给第 18 帧右左脚，分别为脚部、重心控制器设置一个关键帧，如图 6-3-6 所示。

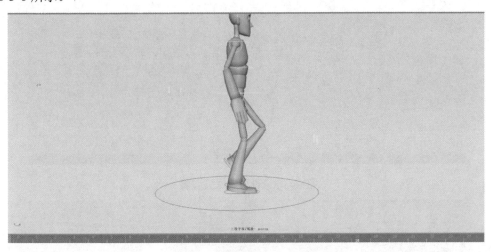

图 6-3-6　设置第 18 帧姿势

06 在第 3 帧人物处于重心最低点位置，此时调整人物姿势为左脚着地，右脚掌旋转为 0，略微将身体向下移动，并设置一个关键帧，如图 6-3-7 所示。

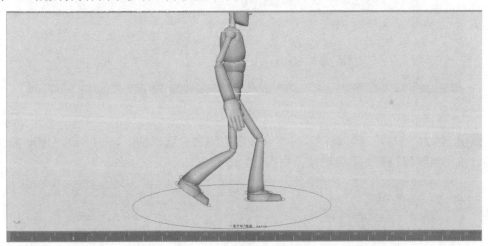

图 6-3-7　设置第 3 帧姿势

07 在第 9 帧处人物处于重心最高点位置，此时调整人物姿势为左脚着地，略向前移，脚掌弯曲，右脚前移，向下旋转，微微抬起身体，并设置一个关键帧，如图 6-3-8 所示。

08 第 15 帧与第 3 帧脚部、重心位置相同，只需将两脚的位置进行交叉互换。将第 3 帧左右脚的位置复制给第 15 帧右左脚，分别为脚部、重心控制器设置一个关键帧，如图 6-3-9 所示。

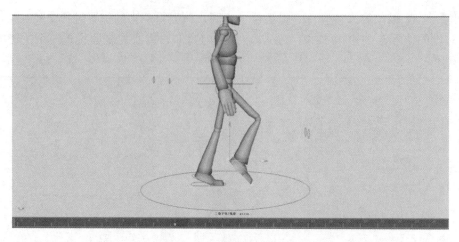

图 6-3-8 设置第 9 帧姿势

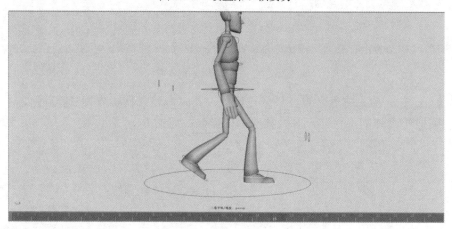

图 6-3-9 设置第 15 帧姿势

09 第 21 帧与第 9 帧相同,将第 9 帧左右脚的位置复制给第 21 帧右左脚,分别为脚部、重心控制器设置一个关键帧,如图 6-3-10 所示。

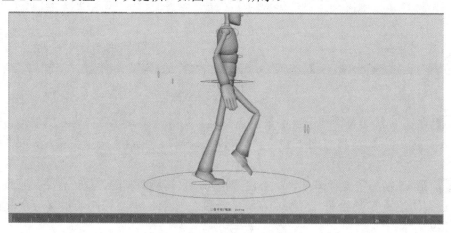

图 6-3-10 设置第 21 帧姿势

第 3 步　设置手臂动画

01　单击第 0 帧，此时人物左脚在前、右脚在后，将手臂方向设置为右手向前、左手向后，设置好后分别为左右手控制器设置关键帧。第 24 帧与第 0 帧设置相同，为第 24 帧设置关键帧，如图 6-3-11 所示。

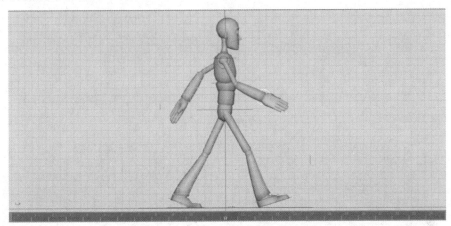

图 6-3-11　设置第 0 帧与第 24 帧手臂姿势

02　第 6 帧时手臂摆动到重合的位置，并且手臂垂直向下，设置好后按 S 键设置关键帧，如图 6-3-12 所示。

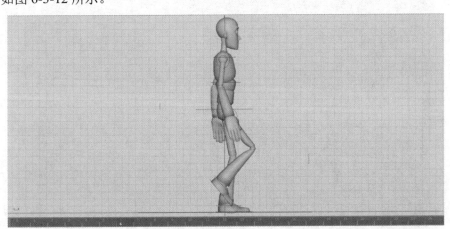

图 6-3-12　设置第 6 帧手臂姿势

03　第 18 帧与第 6 帧设置相同，但需交换左右手位置，设置好后按 S 键设置关键帧，如图 6-3-13 所示。

04　通过以上操作走路动画已经基本成型，执行"窗口"→"动画编辑器"→"曲线图编辑器"命令，打开"曲线图编辑器"窗口，将手部、脚部、胯部的"平移 Z""平移 Y"曲线收尾关键帧处的切线打平，如图 6-3-14 和图 6-3-15 所示。至此，完成了人物两足行走动画。

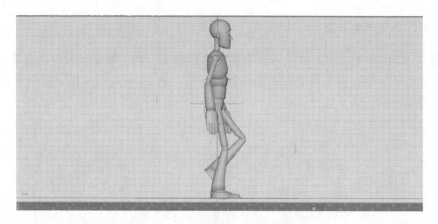

图 6-3-13　设置第 18 帧手臂姿势

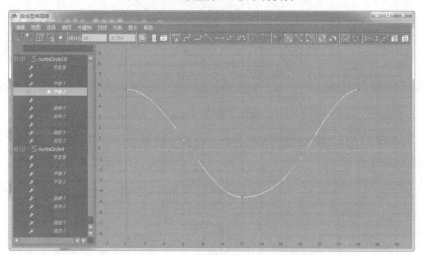

图 6-3-14　调整曲线（一）

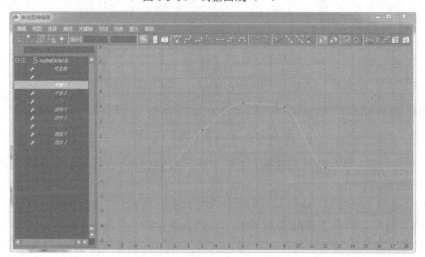

图 6-3-15　调整曲线（二）

项目 7 灯光渲染

◎ **项目导读**

　　Maya 2015 中文版中主要包括 6 种不同的灯光类型，即环境光、平行光、泛光灯（又称点光源）、聚光灯、面光灯和体积光。用户想要达到所需效果，通常要将这几种不同的灯光组合使用，所有的灯光都遵循 RGB 加法照明定律，并且可以用色调、饱和度、明亮度和 Alpha 值进行混合调整。创建灯光的方法有两种：①在 Rendering 模式下通过"灯光"菜单创建各类灯光；②在 Hypershade 模式下利用"Visor"窗口创建各类灯光。

　　本项目主要对灯光渲染进行介绍。

◎ **学习目标**

- 掌握灯光的创建和使用方法。
- 掌握灯光的渲染和使用技巧。

◎ **思政目标**

- 树立正确的学习观、价值观，自觉践行行业道德规范。
- 牢固树立质量第一、信誉第一的强烈意识。
- 遵规守纪，团结协作，爱护设备，钻研技术。
- 感受动画之美，发扬一丝不苟、精益求精的工匠精神。

 点光源的应用——制作辉光效果

◎ 任务目的

本任务制作如图 7-1-1 所示的辉光效果。通过本任务的学习，读者应熟悉并掌握使用点光源制作辉光效果的方法与技巧。

图 7-1-1 辉光效果

 相关知识

点光源类似灯泡发出的光，向各个方向平均照射。点光源可以调节灯光的衰减率。例如，可以使用点光源模仿灯泡发出的光线。

 任务实施

技能点拨：①创建点光源；②通过修改点光源参数设置与渲染器设置制作辉光效果。

视频：制作辉光效果

实施步骤

第 1 步 创建点光源

打开 Maya 2015 中文版，执行"创建"→"灯光"→"点光源"命令，在场景中创建一个点光源，如图 7-1-2 所示。

234

项目 7　灯　光　渲　染

图 7-1-2　创建点光源

第 2 步　设置点光源参数

01 在状态行单击"显示渲染设置"按钮，打开"渲染设置"窗口，设置"使用以下渲染器渲染"参数为 Maya 软件，"预设"为 HD 1080，如图 7-1-3 所示。

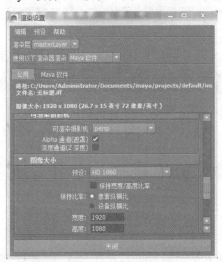

图 7-1-3　渲染器设置

02 选择点光源，按 Ctrl+A 组合键打开点光源的"属性编辑器"面板，展开"灯光效果"选项组，单击"灯光辉光"后面的按钮，如图 7-1-4 所示，打开灯光辉光的"属性编辑器"面板。在"光学效果属性"选项组中，设置"辉光类型"为指数，"光晕类型"为镜头光斑，"径向频率"为 0.8，"星形点"为 6，"旋转"为 50，取消勾选"忽略灯光"复选框，如图 7-1-5 所示。在"辉光属性"选项组中，设置"辉光颜色"为黄色，"辉光强度"为 1.5，"辉光扩散"为 1.5，"辉光噪波"为 0.3，"辉光径向噪波"为 0.2，"辉光星形级别"为 3.5，"辉光不透明度"为 0.2，如图 7-1-6 所示。在"光晕属性"选项组中，设置"光晕颜色"为绿色，"光晕强度"为 0.25，如图 7-1-7 所示。在"噪波"选项组中，设置"噪波 U 向比例"为 5，"噪波 V 向比例"为 4，"噪波 U 向偏移"为 1.3，"噪波 V 向偏移"为 4，"噪波阈值"为 0.7，如图 7-1-8 所示。

图 7-1-4 "灯光效果"选项组

图 7-1-5 光学效果属性设置

图 7-1-6 辉光属性设置

图 7-1-7 光晕属性设置

图 7-1-8 噪波属性设置

聚光灯的应用——制作灯光雾效果

◎ 任务目的

本任务制作如图 7-2-1 所示的灯光雾效果。通过本任务的学习,读者应熟悉并掌握使用聚光灯制作灯光雾效果的方法与技巧。

图 7-2-1 灯光雾效果

相关知识

Maya 中的聚光灯在一个圆锥形区域均匀地发射光线,可以很好地模仿手电筒和汽车

项目 7　灯　光　渲　染

前灯发出的灯光。聚光灯是属性最多的一种灯光，也是最常用的一种灯光。

灯光雾即在灯光的照明范围内添加一种云雾效果。灯光雾只能应用于点光源、聚光灯。

　任务实施

视频：制作灯光雾效果

技能点拨：①创建聚光灯；②通过修改聚光灯参数设置制作灯光雾效果。

实施步骤

第 1 步　创建聚光灯

打开 Maya 2015 中文版，执行"创建"→"灯光"→"聚光灯"命令，在场景中创建一个聚光灯，如图 7-2-2 所示。

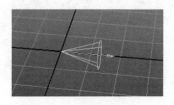

图 7-2-2　创建聚光灯

第 2 步　设置聚光灯参数

01　选择聚光灯，按 Ctrl+A 组合键打开聚光灯的"属性编辑器"面板，如图 7-2-3 所示，展开"灯光效果"选项组，设置"雾扩散"为 2.814，"雾密度"为 1，如图 7-2-4 所示。

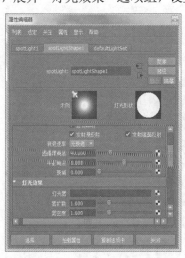

图 7-2-3　灯光效果的"属性编辑器"面板

图 7-2-4　灯光效果设置

02　单击"灯光雾"后面的按钮，在打开的"灯光雾"的"属性编辑器"面板中，

237

设置灯光雾属性，设置"颜色"为黄色，"密度"为 0.88，并勾选"基于颜色的透明度"复选框，如图 7-2-5 所示。最终效果如图 7-2-1 所示。

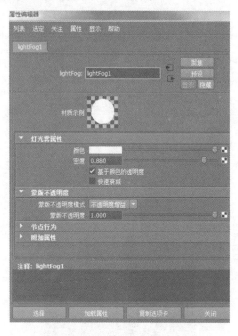

图 7-2-5　灯光雾属性设置

 光照渲染的设计——制作岩壁之光效果

◎ 任务目的

本任务制作如图 7-3-1 所示的岩壁之光效果。通过本任务的学习，读者应熟悉并掌握利用平行光灯光效果与外部贴图制作岩壁之光效果的方法与技巧。

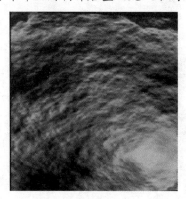

图 7-3-1　岩壁之光效果

项目7 灯光渲染

  相关知识

平行光主要用于模拟远距离的点光源。太阳相当于一个点光源，但因为距离原因，太阳光照射到地球时呈现平行光的状态，所以平行光常用来模拟太阳光效果。

  任务实施

技能点拨：①创建多边形平面；②通过修改材质编辑器属性、材质属性、渲染器属性，制作岩壁之光效果。

视频：制作岩壁之光效果

实施步骤

第1步　创建平面

打开 Maya 2015 中文版，执行"创建"→"多边形"→"平面"命令，创建一个平面，如图 7-3-2 所示。将平面放大并旋转 90°，如图 7-3-3 所示。

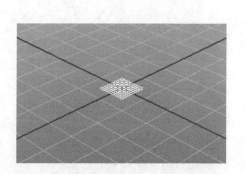
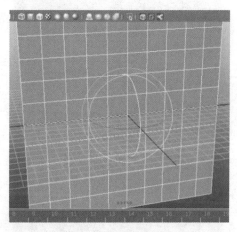

图 7-3-2　创建平面　　　　　　　　　图 7-3-3　旋转 90°

第2步　设置光线效果

01 执行"渲染"→"blinn"命令，创建一个"blinn"材质，按 Cul+A 组合键，打开其"属性编辑器"面板，如图 7-3-4 所示。单击"颜色"后面的按钮，打开"创建渲染节点"窗口，选择"文件"选项，找到贴图所在位置，如图 7-3-5 所示。

02 选择平面模型，按 Ctrl+A 组合键，打开其"属性编辑器"面板，单击"凹凸贴图"后面的按钮，如图 7-3-6 所示。打开凹凸贴图的"属性编辑器"面板修改凹凸贴图属性，设置"凹凸深度"为 0.3，"用作"为凹凸，如图 7-3-7 所示。

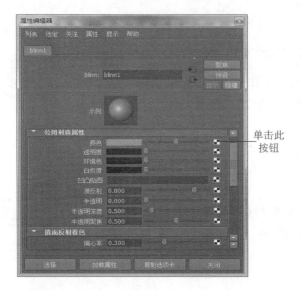

图 7-3-4 "blinn"材质的"属性编辑器"面板　　　图 7-3-5 "创建渲染节点"窗口

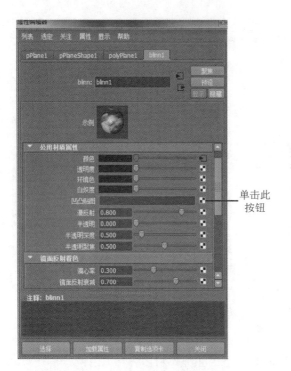

图 7-3-6 材质的"属性编辑器"面板　　　图 7-3-7 凹凸贴图的"属性编辑器"面板

03 打开"blinn"材质的"属性编辑器"面板，修改"blinn"材质属性，在"公用材质属性"选项组中，设置"半透明"为 0，"半透明深度"为 0.5，"半透明聚焦"为 0.5；在"镜面反射着色"选项组中，设置"偏心率"为 0.03，"镜面反射衰减"为 0.3，"镜面反射颜色"为灰色，"反射率"为 0.34，"反射颜色"为黑色，如图 7-3-8 所示。单击状态行上的"平行光"按钮，创建一个平行光，移动旋转位置，如图 7-3-9 所示。

项目 7　灯　光　渲　染

 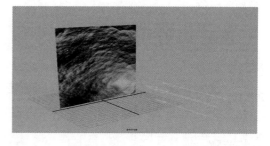

图 7-3-8　镜面反射着色属性设置　　　　　图 7-3-9　创建一个平行光

04 将渲染器设置为 mental ray 渲染，如图 7-3-10 所示。最终效果如图 7-3-1 所示。

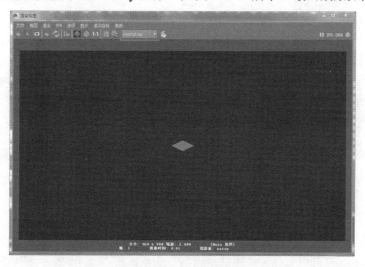

图 7-3-10　渲染视图设置

**7.4** 聚散效果的设计——制作精致的小花瓶

◎ 任务目的

本任务制作如图 7-4-1 所示的小花瓶聚散效果。通过本任务的学习，读者应熟悉并掌握使用聚光灯灯光效果制作聚散效果的方法与技巧。

图 7-4-1　小花瓶聚散效果

任务实施

技能点拨：①打开场景文件；②创建聚光灯，通过修改聚光灯参数、渲染器参数，制作聚散效果。

视频：制作精致的小花瓶

实施步骤

第 1 步 打开场景文件

打开 Maya 2015 中文版，执行"文件"→"打开场景"命令，打开本任务的场景文件，如图 7-4-2 所示。执行"创建"→"灯光"→"聚光灯"命令，在视图中创建一个聚光灯，如图 7-4-3 所示。

图 7-4-2 场景文件

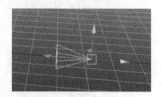

图 7-4-3 创建聚光灯

第 2 步 创建聚散效果

01 在状态行单击"显示渲染设置"按钮，在打开的"渲染设置"窗口中，设置渲染器为 mentul ray。打开聚光灯的"属性编辑器"面板，在"mental ray"选项组下，勾选"发射光子"复选框，设置"光子颜色"为白色，"光子密度"为 8000，"指数"为 2，"焦散光子"为 100000，如图 7-4-4 所示。选择小花瓶模型，编辑小花瓶的"blinn"材质属性，在"光线跟踪选项"选项组下，勾选"折射"复选框，设置"折射率"为 1.5，"折射限制"为 6，"灯光吸收"为 0，"表面厚度"为 0，"阴影衰减"为 0.5，"反射限制"为 1，如图 7-4-5 所示。

图 7-4-4 修改聚光灯参数

图 7-4-5 编辑小花瓶的"blinn"材质属性

02 使用 mental ray 渲染器进行渲染，最终渲染效果如图 7-4-1 所示。

项目 7 灯光渲染

任务 7.5 车漆材质及分层渲染的应用——制作跑车

◎ 任务目的

本任务制作如图 7-5-1 所示的跑车分层渲染效果。通过本任务的学习，读者应熟悉并掌握分层渲染的使用方法，学会制作车漆材质效果。

图 7-5-1 跑车分层渲染效果

相关知识

分层渲染是指将物体的光学属性分类，再执行渲染，得到一个场景画面中的多张属性贴图。分层会使用户在后期合成中更容易控制画面效果。对于某些大场景，用户还能利用分层渲染加速动画的生成过程。例如，不受近景光线影响的远景，可作为一个独立的渲染层渲染为背景静帧，而近景则完成动画渲染，以节省软件对整个场景渲染所需的时间。

任务实施

技能点拨：①打开场景文件；②创建材质球，通过修改材质球参数、渲染器设置制作车漆材质与分层渲染效果。

视频：制作跑车

实施步骤

第 1 步　打开场景文件

打开 Maya 2015 中文版，执行"文件"→"打开场景"命令，打开本任务的场景文件，

243

如图 7-5-2 所示。执行"窗口"→"渲染编辑器"→"Hypershade"命令，打开"Hypershade"窗口。

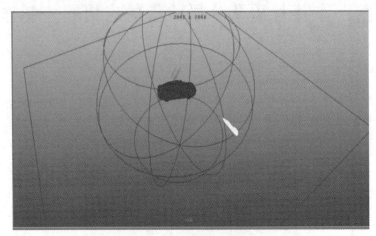

图 7-5-2　打开场景文件

第 2 步　制作跑车效果

创建一个"mi_car_paint_phen"材质，如图 7-5-3 所示。打开"mi_car_paint_phen"材质的"属性编辑器"窗口，设置 Edge Color Bias 为 1，"Lit Color Bias"为 8，"Diffuse Weight"为 1，"Diffuse Bias"为 1.5，如图 7-5-4 所示。最终效果如图 7-5-1 所示。

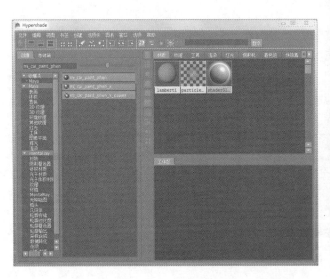

图 7-5-3　创建"mi_car_paint_phen"材质

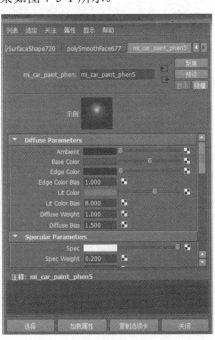

图 7-5-4　修改材质球属性

项目 7　灯 光 渲 染

 三点光照效果的应用——制作室内灯效

◎ 任务目的

本任务制作如图 7-6-1 所示的室内灯效。通过本任务的学习，读者应熟悉并掌握平行光、点光源灯光效果的综合应用方法与技巧。

图 7-6-1　室内灯效

 相关知识

泛光灯可以放置在场景中的任何地方。例如，泛光灯可以放置在摄影机范围以外，或物体的内部。在场景中远距离使用许多不同颜色的泛光灯是很普遍的。这些泛光灯可以将阴暗投射并且混合在模型上。由于泛光灯的照射范围比较大，所以泛光灯的照射效果非常容易预测，并且这种灯光还有许多辅助用途。例如，将泛光灯放置在靠近物体表面的位置，会在物体表面产生明亮的亮光。

 任务实施

技能点拨：①创建平行光；②通过修改平行光参数、渲染器设置制作三点光照的室内光照效果。

视频：制作室内灯效

实施步骤

第 1 步　创建平行光

打开 Maya 2015 中文版，执行"文件"→"打开场景"命令，打开本任务的场景文件。执行"创建"→"灯光"→"平行光"命令，在场景中创建一个平行光，并移动至如图 7-6-2 所示位置。

245

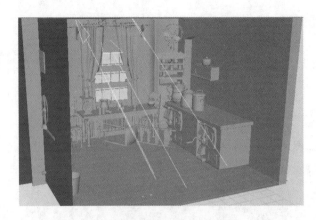

图 7-6-2　创建平行光并移动

第 2 步　设置平行光参数

01 选择平行光，按 Ctrl+A 组合键打开平行光的"属性编辑器"面板，修改属性如下："强度"为 0.1，勾选"使用光线跟踪阴影"复选框，如图 7-6-3 所示。

图 7-6-3　修改平行光的属性

02 执行"创建"→"灯光"→"区域光"命令，创建区域光，使用 R 键放大区域光，并将其移动至如图 7-6-4 所示位置。

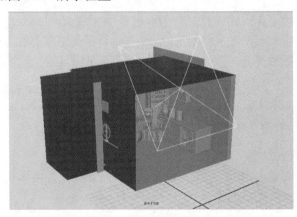

图 7-6-4　创建区域光并移动

03 按 Ctrl+A 组合键，打开区域光的"属性编辑器"面板，修改属性如下："强度"为 0.4，勾选"使用深度贴图阴影"复选框（图 7-6-5）。

04 执行"创建"→"灯光"→"点光源"命令，并将其移动至如图 7-6-6 所示位置。

项目 7　灯 光 渲 染

图 7-6-5　勾选"使用深度贴图阴影"复选框

图 7-6-6　创建点光源并移动

05　按 Ctrl+A 组合键打开点光源的"属性编辑器"面板,修改其属性,如图 7-6-7 所示。

图 7-6-7　修改点光源属性

06　打开"渲染设置"窗口,使用"Maya 软件"渲染,如图 7-6-8 所示。

图 7-6-8　修改渲染器

07　选择合适的角度进行渲染,最终效果如图 7-6-1 所示。

247

三点光照效果的应用——制作室外灯效

◎ 任务目的

本任务制作如图 7-7-1 所示的室外灯效。通过本任务的学习，读者应熟悉并掌握三点光照效果的综合应用方法与技巧。

图 7-7-1　室外灯效

 相关知识

三点光源包括一个主光源、一个辅光源和一个背光源。其中，辅光源位于模型的正侧面，可以让模型的侧面看起来是处于暗部，一般将其强度设置为 0.5 左右。背光源是为了将模型与背景拉开而布设的一个光源。背光源一般位于模型背后或与主光源相对，为了明显地拉开模型与背景的关系，体现模型的立体感和空间感，一般将背光源的强度设置为 0.03 左右。

在"光线跟踪阴影属性"选项组中，"灯光半径"和"阴影光线数"有很大的关系，"灯光半径"决定阴影的边缘的大小，"阴影光线数"决定阴影边缘噪点的多少。

 任务实施

技能点拨：①创建平行光；②通过修改平行光参数、渲染器设置制作三点光照的室外渲染效果。

视频：制作室外灯效

实施步骤

第 1 步　创建平行光

打开 Maya 2015 中文版，在场景中新建平面模型，在平面上新建圆柱体模型。执行"创建"→"灯光"→"平行光"命令，在场景中创建一束平行光，如图 7-7-2 所示。

项目 7 灯 光 渲 染

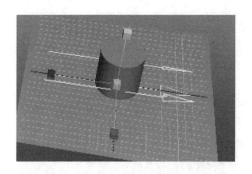

图 7-7-2　创建平行光

第 2 步　设置平行光参数

01 选择平行光，调整其角度，如图 7-7-3 所示。渲染效果如图 7-7-4 所示。

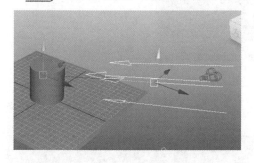 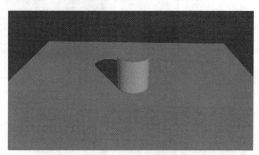

图 7-7-3　调整平行光　　　　　　　　　　图 7-7-4　渲染效果

02 新建一个平行光作为辅光源，如图 7-7-5 所示。调整该平行光的角度，如图 7-7-6 所示。

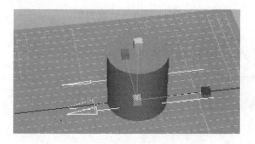 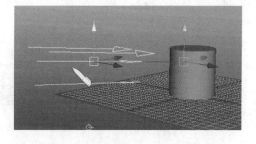

图 7-7-5　新建一个平行光　　　　　　　　图 7-7-6　调整新建平行光的角度

03 选择平行光，按 Ctrl+A 组合键打开平行光的"属性编辑器"面板，将其强度设为 0.4，并单击"聚焦"按钮，如图 7-7-7 所示。

04 复制平行光作为背光源，如图 7-7-8 所示。按 Ctrl+A 组合键打开平行光的"属性编辑器"面板，将其强度设为 0.03，如图 7-7-9 所示。

05 选择主光源，按 Ctrl+A 组合键打开主光源的"属性编辑器"面板，展开"光线跟踪阴影属性"选项组，勾选"使用光线跟踪阴影"复选框，设置"灯光角度"为 3.5，"阴影光线数"为 12，"光线深度限制"为 6，如图 7-7-10 所示。

图 7-7-7 平行光的属性设置

图 7-7-8 复制平行光

图 7-7-9 修改平行光参数

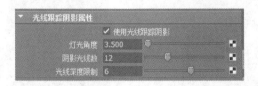

图 7-7-10 修改主光源阴影属性

06 进行渲染，最终效果如图 7-7-1 所示。

任务 7.8 分层渲染的应用——制作桌子上的静物

◎ 任务目的

本任务制作如图 7-8-1 所示的灯光效果。通过本任务的学习，读者应熟悉并掌握使用渲染层和摄影机渲染提高渲染速度的方法。

项目 7　灯　光　渲　染

图 7-8-1　桌子上的静物

相关知识

分层渲染时，角色层一般指镜头中的角色或运动相对背景比较大的物体，如飞机或汽车等道具。角色层的定义是相对广义的，是处于场景之上相对运动比较快的部分；阴影层一般指场景角色层中物体产生的投射到背景上的阴影；背景层是位于最后的场景部分。

为了渲染方便，通常会在分层时把层单独另存为层文件，也就是说分多少层就有多少个 Maya 文件。

任务实施

技能点拨：①创建摄影机；②通过修改摄影机参数、渲染器设置，制作分层效果。

视频：制作桌子上的静物

实施步骤

第 1 步　创建摄影机

打开 Maya 2015 中文版，执行"文件"→"打开场景"命令，打开本任务的场景文件。执行"创建"→"摄影机"→"摄影机"命令，在场景中创建一个摄影机，如图 7-8-2 所示。

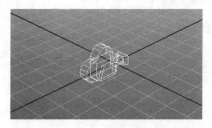

图 7-8-2　创建摄影机

251

第 2 步　设置摄影机参数

01　在状态行单击"显示渲染设置"按钮,在打开的"渲染设置"窗口中,设置"预设"为 HD 1080,如图 7-8-3 所示,将渲染器设为 mental ray。

02　在场景中,选择"渲染"选项卡,打开"渲染"面板,选择层并右击,在弹出的快捷菜单中选择"选择层中的对象"命令,如图 7-8-4 所示。按 Ctrl+A 组合键打开层对象的"属性编辑器"面板,将"预设"设为遮挡,如图 7-8-5 所示。

03　选择模型,在"通道盒"中选择"渲染"选项卡,单击"创建新层并指定选定对象"按钮为模型新建两个层,如图 7-8-6 所示。

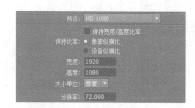

图 7-8-3　预设设置

图 7-8-4　选择"选择层中的对象"命令

图 7-8-5　设置遮挡

图 7-8-6　新建两个层

04　执行"窗口"→"渲染编辑器"→"渲染视图"命令,打开"渲染视图"窗口,执行"渲染"→"渲染所有层"命令,如图 7-8-7 所示。

项目 7 灯 光 渲 染

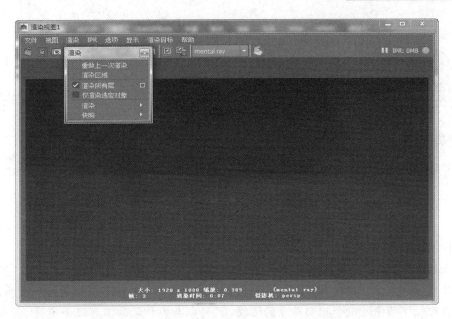

图 7-8-7 渲染所有层

05 进行渲染，最终效果如图 7-8-1 所示。

项目 8 特效制作

◎ **项目导读**

在 Maya 中,粒子是指显示为圆点、条纹、球体、滴状曲面或其他形式的点,是 Maya 的一种物理模拟方式,应用非常广泛。同时,Maya 的粒子系统非常强大,一方面,它可以使用相对较少的输入命令控制粒子的运动,还可以与各种动画工具混合使用;另一方面,粒子具有速度、颜色和寿命等属性,可以通过对这些属性的控制达到理想的粒子效果。

本项目主要对粒子系统进行介绍。

◎ **学习目标**

- 掌握粒子系统工具、场和粒子的综合运用方法。
- 掌握 Maya 基本特效的制作技巧。
- 掌握 2D/3D 流体的创建与编辑方法。

◎ **思政目标**

- 树立正确的学习观、价值观,自觉践行行业道德规范。
- 牢固树立质量第一、信誉第一的强烈意识。
- 遵规守纪,团结协作,爱护设备,钻研技术。
- 感受动画之美,发扬一丝不苟、精益求精的工匠精神。

项目 8 特效制作

 雪景特效的应用——制作冬日飘雪

◎ 任务目的

本任务制作如图 8-1-1 所示的雪景特效。通过本任务的学习，读者应掌握利用调节粒子速度、颜色、寿命等属性模拟真实雪景特效的方法。

图 8-1-1 雪景效果

 相关知识

1. 粒子基本属性

粒子系统之所以能产生千变万化的效果，是因为粒子系统具有大量丰富的特性参数供用户使用。单击"动力学"→"粒子"→"粒子工具"命令后面的按钮，如图 8-1-2 所示，即可打开"工具设置"面板，如图 8-1-3 所示。

图 8-1-2 打开"工具设置"面板的步骤

255

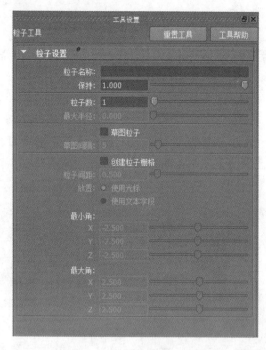

图 8-1-3 "工具设置"面板

2. 面板参数

1）粒子名称：输入粒子的名称。

2）保持：当粒子的速度和加速度由动力场的作用控制时，该参数可影响粒子的运动，调整运动粒子在帧与帧之间的动力学速度。

3）粒子数：设置在场景中单击一次可以生成的粒子数量。

4）最大半径：粒子数大于 1 时，可以设置要创建的粒子所占用空间的最大半径。当粒子数量不变时，该参数值越小，粒子占用空间越小，密度越大。该参数只有在取消勾选"创建粒子栅格"复选框时，才可以激活。

5）草图粒子：勾选该复选框，可用绘画方式连续不断地创建粒子，即 Maya 会根据鼠标指针移动的轨迹创建粒子。

6）草图间隔：以绘画方式创建粒子时，设置粒子之间的间隔。

7）创建粒子栅格：勾选该复选框，可基于栅格创建粒子阵列，如矩形、立方体等形状。

8）粒子间距：设置粒子阵列中粒子与粒子间的距离。

9）放置：①使用光标，即直接使用鼠标在视图的不同位置双击，确定粒子阵列的左上角和右下角，按 Enter 键结束粒子的创建。②使用文本字段，即在文本域中输入粒子阵列对角线上两个角点的精确坐标，以创建粒子阵列。

10）最小角：输入要创建的粒子阵列最小角角点的坐标值。

11）最大角：输入要创建的粒子阵列最大角角点的坐标值。

任务实施

技能点拨：①在场景中创建一个 NURBS 平面和一个粒子发射器；②在场景中为粒子创建一个重力场；③利用"使碰撞工具"为场景中的粒子和 NURBS 平面创建碰撞关系；④修改默认粒子材质参数设置，将其调整为雪花材质；⑤添加背景以丰富场景，渲染输出。

视频：制作冬日飘雪

实施步骤

第 1 步　创建基本场景

01　打开 Maya 2015 中文版执行"创建"→"NURBS 基本体"→"平面"命令，在场景中创建一个 NURBS 平面，如图 8-1-4 所示。

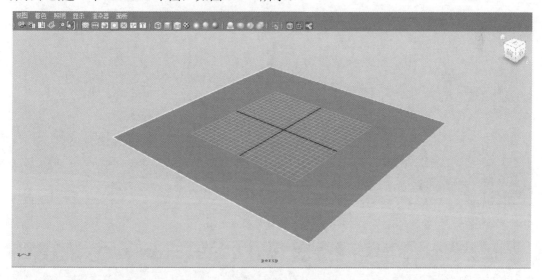

图 8-1-4　创建 NURBS 平面

小贴士

这里创建 NURBS 平面作为地面，是因为只有 NURBS 物体和曲面物体才会和 Maya 的粒子系统产生较好的交互作用。

02　单击"粒子"→"创建发射器"命令后面的按钮，打开"发射器选项（创建）"窗口，将"发射器类型"设为体积类型，单击"创建"按钮，在视图中创建粒子发射器，并使用"缩放工具"对粒子发射器的形状进行调整，如图 8-1-5 和图 8-1-6 所示。

03　执行"窗口"→"大纲视图"命令，打开"大纲视图"窗口，选择 particle1（粒子 1），并执行"场"→"重力"命令，为 particle1 创建一个重力场，如图 8-1-7 所示。

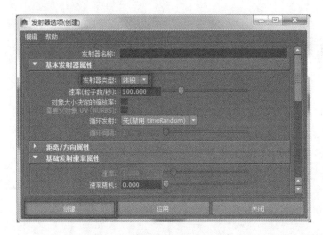

图 8-1-5 "发射器选项(创建)"窗口

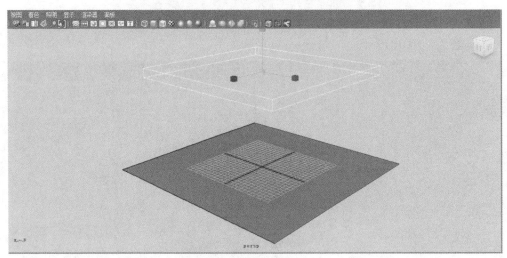

图 8-1-6 调整发射器大小

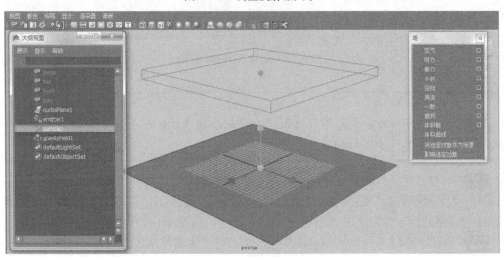

图 8-1-7 创建重力场

04 单击"向前播放"按钮,播放动画,可以发现从粒子发射器向下发射的粒子与 NURBS 平面产生穿插的效果,如图 8-1-8 所示。

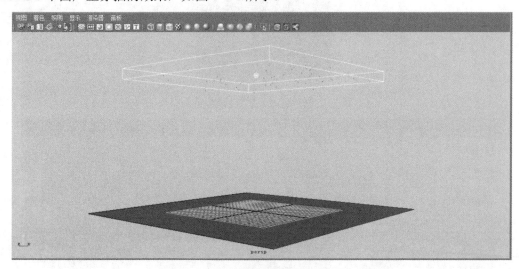

图 8-1-8 播放粒子效果

第 2 步 创建动力学属性

01 在"大纲视图"窗口中选择 particle1,再选择 nurbsPlane1(NURBS 平面 1);在工具架的"动力学"选项卡中单击"使碰撞"按钮,创建粒子与地面的碰撞关系属性。此时播放动画,可以看到当粒子与地面接触后,粒子被弹起,如图 8-1-9 所示。

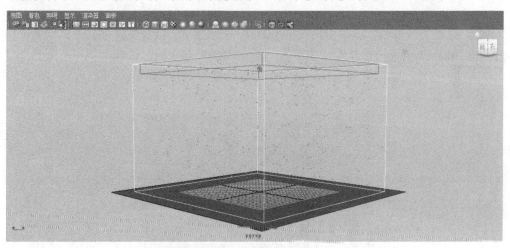

图 8-1-9 碰撞效果

02 在视图中选择 NURBS 平面,在"通道盒"的"输出"选项组中设置"弹性"为 0,"摩擦力"为 1,如图 8-1-10 所示。再次播放动画,粒子下落到与 NURBS 平面碰撞时不再出现反弹效果,如图 8-1-11 所示。

图 8-1-10　参数修改

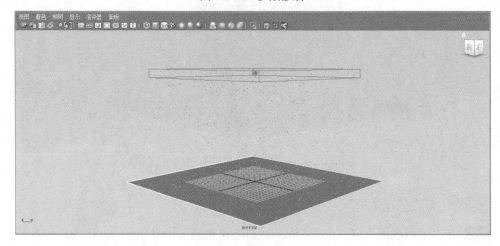

图 8-1-11　播放效果（一）

第 3 步　设置粒子材质

01　在"大纲视图"窗口中选择 particle1，按 Ctrl+A 组合键打开其"属性编辑器"面板；在"particleShape1"选项卡中展开"渲染属性"选项组，设置"粒子渲染类型"为云，单击"当前渲染类型"按钮，并将"半径"设置为 0.3，如图 8-1-12 所示。播放动画，效果如图 8-1-13 所示。

图 8-1-12　属性设置

项目 8 特 效 制 作

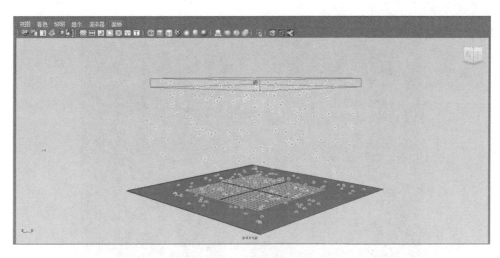

图 8-1-13 播放效果（二）

02 渲染场景，此时，发现雪是蓝色的，这是 Maya 默认粒子材质，如图 8-1-14 所示。

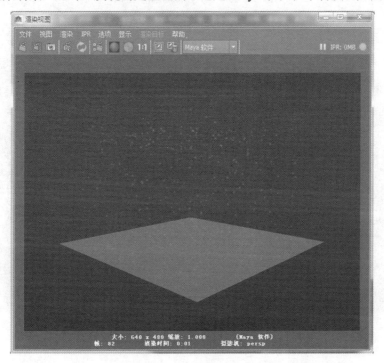

图 8-1-14 渲染效果（一）

03 执行"窗口"→"渲染编辑器"→"Hypershade"命令，打开"Hypershade"窗口，在该窗口中可以发现有一个名为 particleCloud1 的材质，如图 8-1-15 所示。

04 在"Hypershade"窗口的工作区内双击"particleCloud1"节点，打开其"属性编辑器"面板，设置"颜色"为白色，"透明度"为灰色，如图 8-1-16 所示。

05 渲染场景，效果如图 8-1-17 所示。

261

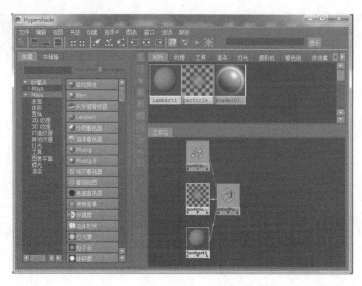

图 8-1-15 "Hypershade"窗口

图 8-1-16 设置颜色和透明度

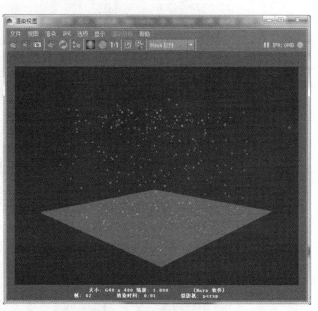

图 8-1-17 渲染效果（二）

第 4 步 丰富场景

01 执行"创建"→"多边形基本体"→"平面"命令，在场景中创建一个平面，如图 8-1-18 所示。

02 执行"窗口"→"渲染编辑器"→"Hypershade"命令，打开"Hypershade"窗口，创建一个"lambert"材质和一个"file"节点，如图 8-1-19 所示。

03 在"file"节点的"属性编辑器"面板中单击"图像名称"参数后面的"文件夹"按钮，并导入本书配套光盘中的"雪景"文件，如图 8-1-20 所示。

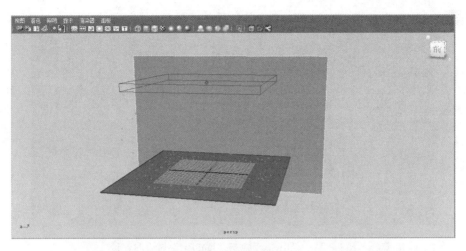

图 8-1-18　创建一个平面

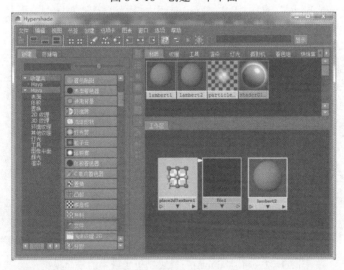

图 8-1-19　创建材质和节点

图 8-1-20　导入"雪景"文件

04 将"file"节点连接到"lambert"材质的"颜色"属性，如图 8-1-21 所示。

图 8-1-21　"file"节点与"lambert"材质的连接

05 在"Hypershade"窗口中将"lambert"材质赋予场景中的平面模型，如图 8-1-22 所示。

图 8-1-22　将"lambert"材质赋予场景中的平面模型

06 将场景调整至合适的角度，如图 8-1-23 所示，渲染场景，最终效果如图 8-1-1 所示。

图 8-1-23　调整场景

任务 8.2　烟花特效的应用——制作夜空烟花

◎ 任务目的

本任务制作如图 8-2-1 所示的夜空烟花效果。通过本任务的学习，读者应掌握后期合成背景的方法与技巧。

图 8-2-1　夜空烟花效果

任务实施

技能点拨：①创建焰火并调整其属性设置，播放动画查看效果；②丰富画面，播放动画查看效果；③渲染输出。

视频：制作夜空烟花

实施步骤

第 1 步　创建焰火特效

01　打开 Maya 2015 中文版，按 F5 键进入"动力学"模块，单击"效果"→"创建焰火"命令后面的按钮，打开"创建焰火效果选项"窗口。

02　在"创建焰火效果选项"窗口中按照如图 8-2-2 所示的参数进行设置。

03　调整完各项参数后，单击"创建"按钮创建焰火，播放动画，效果如图 8-2-3 所示。

04　选择合适的一帧进行测试渲染，如图 8-2-4 所示。

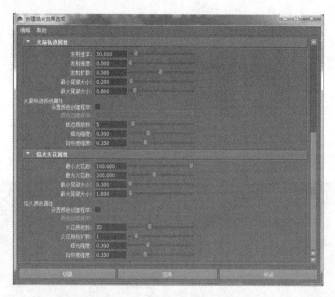

图 8-2-2 "创建焰火效果选项"窗口

图 8-2-3 创建焰火效果

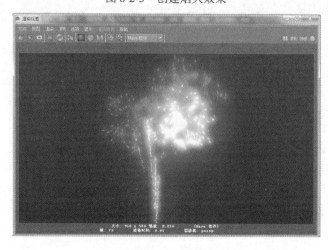

图 8-2-4 渲染效果

> **小贴士**
>
> 在制作烟花等粒子特效时，需要将时间线加长，这样播放动画时，粒子就能正常完成整个特效。

第 2 步　丰富画面

只有一朵焰火显得单调了一些，因此可以多创建几朵，并稍微旋转一下角度，避免焰火之间重叠，如图 8-2-5 所示。

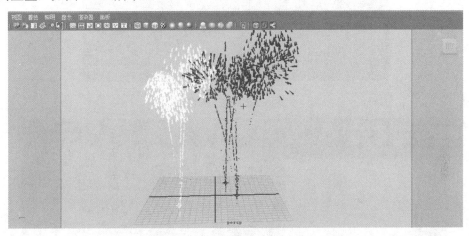

图 8-2-5　创建几朵焰火效果

第 3 步　进行最终渲染

01 完成所有焰火的制作后，调整完"渲染设置"窗口属性后即可渲染输出，如图 8-2-6 所示。

图 8-2-6　渲染输出效果

02 渲染完成后，按照图 8-2-7 所示方法将其以.png 格式储存至本地磁盘，然后在 Photoshop 中导入，并将本书中配套的场景文件"烟火"导入，如图 8-2-8 所示。

03 使用"移动工具"将两张图片移动到一个文档中，如图 8-2-9 所示。

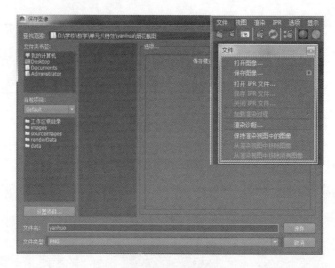

图 8-2-7 保存图像

图 8-2-8 在 Photoshop 中打开渲染图

图 8-2-9 使两张图片在一个文档中

04 调整烟花位置和大小，最终效果如图 8-2-1 所示。

任务 8.3 烟雾特效的应用——制作香烟袅袅

◎ 任务目的

本任务制作如图 8-3-1 所示的香烟袅袅效果。通过本任务的学习，读者应掌握导入 Maya 样品库中的样品文件，并调整其烟雾参数的方法，以及制作需要的烟雾特效的方法。

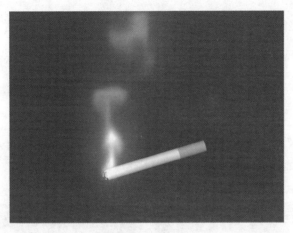

图 8-3-1　香烟袅袅效果

任务实施

技能点拨：①导入 Maya 样品库里的 "Cigarette2D.ma" 文件；②播放动画查看烟雾的效果；③在"大纲视图"窗口中选择 fluidEmitter1 物体，在其"属性编辑器"面板中将"发射器类型"设置为体积；④调整发射器的体积，同时设置烟雾的颜色；⑤渲染输出。

视频：制作香烟袅袅效果

实施步骤

第 1 步　导入样品库中的文件

01 打开 Maya 2015 中文版，执行"窗口"→"常规编辑器"→"Visor"命令，打开 Maya 样品库，如图 8-3-2 所示。

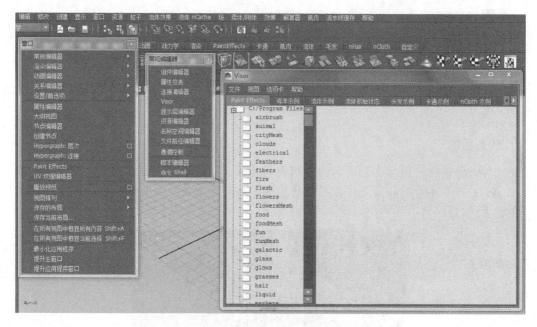

图 8-3-2　Maya 样品库

02 在"Visor"窗口中切换到"流体示例"选项卡，在左侧的列表中选择"Smoke"（烟雾）文件夹，并选择"Cigarette2D.ma"文件，执行"文件"→"导入选定场景文件"命令，将该文件导入 Maya 中，如图 8-3-3 和图 8-3-4 所示。

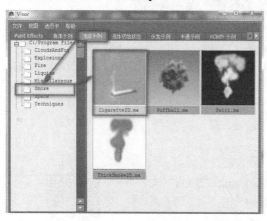

图 8-3-3　样品库文件

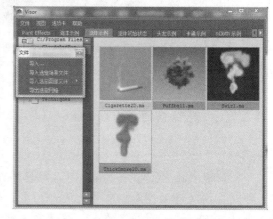

图 8-3-4　导入文件

03 将视图下方"时间"滑块的范围修改为 200 帧，然后播放动画，可以看到烟头的位置有烟雾飘出，如图 8-3-5 所示。

> **小贴士**
>
> 烟雾效果是在工作区的某个位置创建 3D 流体发射器，通过对流体形状节点内密度、旋涡、最大深度、阻力等参数进行调节逐步得到的。

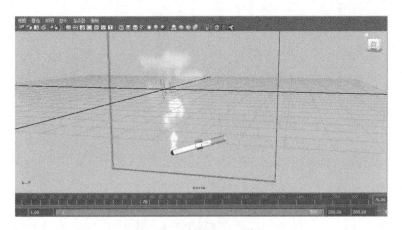

图 8-3-5　播放动画效果

第 2 步　设置发射器类型

执行"窗口"→"大纲视图"命令,打开"大纲视图"窗口,选择"fluidEmitter1",并按 Ctrl+A 组合键打开其"属性编辑器"面板,将"发射器类型"设置为体积,如图 8-3-6 所示。

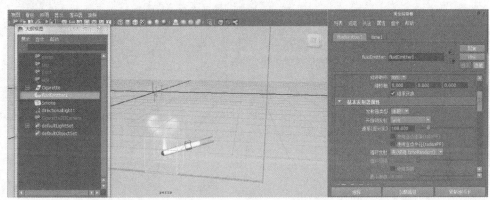

图 8-3-6　设置发射器类型

更改发射器类型后,烟雾效果的大小取决于发射器的体积,如图 8-3-7 和图 8-3-8 所示。

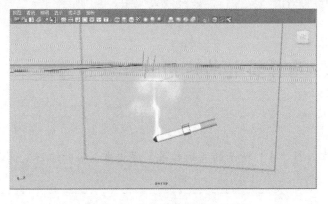

图 8-3-7　发射器体积变小效果

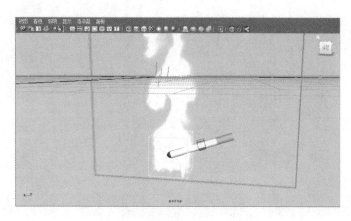

图 8-3-8　发射器体积变大效果

第 3 步　设置烟雾颜色

01 在"大纲视图"窗口中选择"Smoke",按 Ctrl+A 组合键打开其"属性编辑器"面板；在"颜色"选项卡中的"选定颜色"中单击创建一个颜色并拉到颜色区域的最右边；将颜色设置为"H"240,"S"0.2,"V"1,如图 8-3-9 所示。

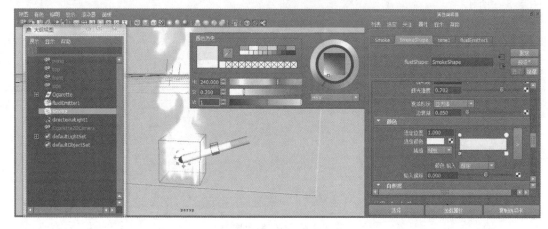

图 8-3-9　修改烟雾颜色

02 进行烟雾特效的渲染操作,最终效果如图 8-3-1 所示。

 海洋特效的应用——制作海面

◎ 任务目的

本任务制作如图 8-4-1 所示的海面效果。通过本任务的学习,读者应掌握海洋特效的制作方法。

图 8-4-1 海面效果

 任务实施

技能点拨：①打开场景文件，使用"创建海洋"命令创建海洋；②选择船体模型，使用"漂浮选定对象"命令使船成为海洋的漂浮物；③为海洋创建尾迹效果，并为船体创建一段动画使尾迹效果跟随船体运动，同时调整尾迹效果；④在"属性编辑器"面板中调整海洋的参数和曲线；⑤渲染输出。

视频：制作海面

实施步骤

第 1 步　创建海洋特效

01 打开 Maya 2015 中文版，执行"文件"→"打开场景"命令，打开本任务的场景文件，如图 8-4-2 所示。

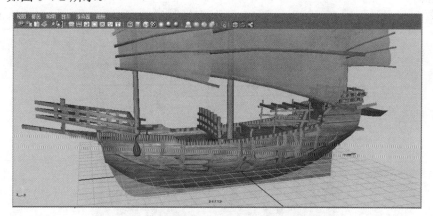

图 8-4-2　场景文件

02 执行"流体效果"→"海洋"→"创建海洋"命令，在场景中创建海洋，还可以看到场景中有一个预览平面，如图 8-4-3 所示。

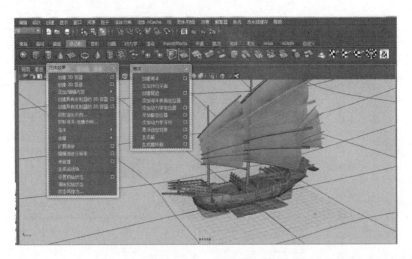

图 8-4-3　创建海洋

03　选择场景中的预览平面，使用"缩放工具"将其调大。在"属性编辑器"面板中将"分辨率"参数调整为 200，如图 8-4-4 所示。

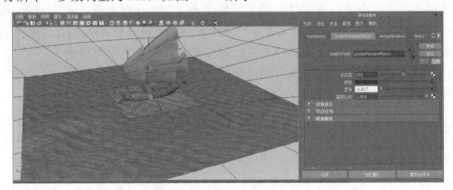

图 8-4-4　修改分辨率

04　对场景进行渲染，可以看到 Maya 的海洋效果非常逼真，如图 8-4-5 所示。

图 8-4-5　渲染效果

第 2 步　选定漂浮对象

01　选择船体模型，执行"流体效果"→"海洋"→"漂浮选定对象"命令，如图 8-4-6 所示。

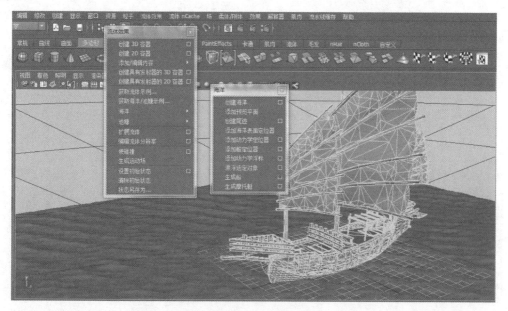

图 8-4-6　选定漂浮物

02　播放动画，可以看到船体随着海浪上下浮动，如图 8-4-7 所示。

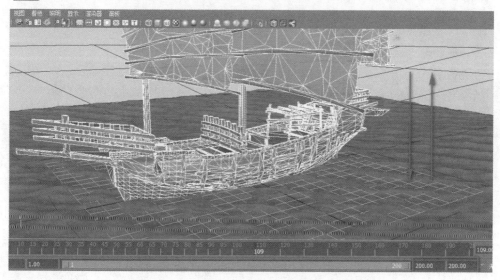

图 8-4-7　播放动画效果

第 3 步　创建船体尾迹

01　在"大纲视图"窗口中选择 locator1（定位器 1），单击"流体效果"→"海洋"→"创建尾迹"命令后面的按钮，在打开的"创建海洋尾迹"窗口中设置"尾迹大小"为 52.05，"尾迹强度"为 5.11，"泡沫创建"为 6.37，并单击"创建海洋尾迹"按钮，如图 8-4-8 所示。

图 8-4-8　创建尾迹

02　播放动画，可以看到从船体底部产生圆形的波浪效果，如图 8-4-9 所示。

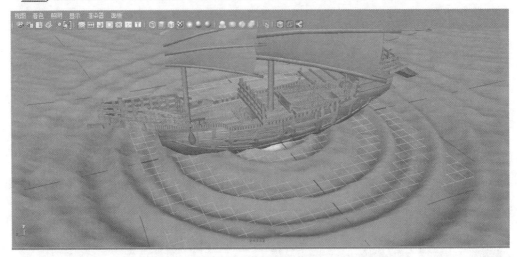

图 8-4-9　圆形波浪效果

第 4 步　创建船体动画

01　在第 1 帧的位置使用"移动工具"将 locator1 移动到如图 8-4-10 所示的位置，按 Shift+W 组合键设置模型在"平移"属性上的关键帧。

项目 8 特 效 制 作

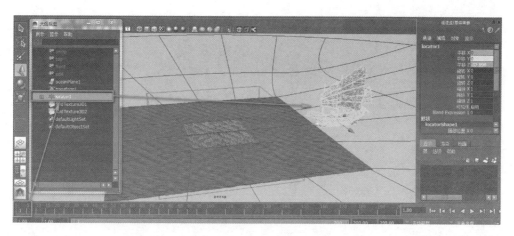

图 8-4-10 移动船体（一）

02 将"时间"滑块移动到第 50 帧，使用"移动工具"将 locator1 移动到如图 8-4-11 所示的位置；再次按 Shift+W 组合键设置模型在"平移"属性上的关键帧。

03 播放动画，可以看到船尾出现了尾迹的效果，如图 8-4-12 所示。但是船体尾迹的波浪效果只在 fluidTexture3D 物体中产生，fluidTexture3D 物体以外的地方不会产生尾迹的效果，如图 8-4-13 所示。

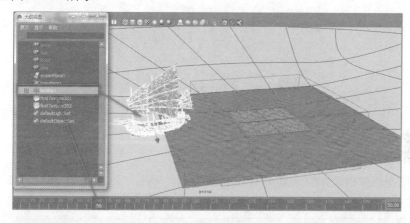

图 8-4-11 移动船体（二）

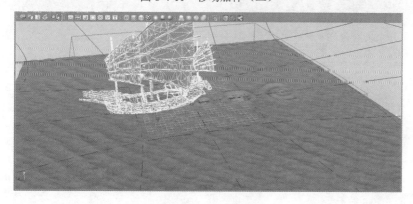

图 8-4-12 尾迹效果

277

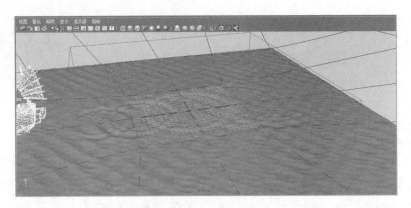

图 8-4-13　fiuidTexture3D 物体以外的播放效果

第 5 步　调整船体尾迹

01　选择场景中的 fluidTexture3D 物体，使用"缩放工具"将其调整为如图 8-4-14 所示的大小。

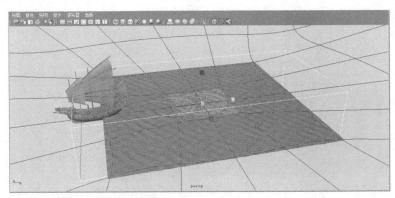

图 8-4-14　调整大小

02　选择船体模型，加选 fluidTexture3D 物体，执行"流体效果"→"使碰撞"命令，创建碰撞效果如图 8-4-15 所示。

图 8-4-15　创建碰撞效果

03　播放动画，可以看到船尾的效果更加真实、强烈，如图 8-4-16 所示。

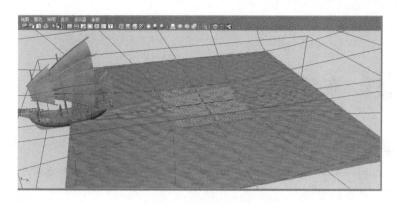

图 8-4-16　添加碰撞后的效果

第 6 步　设置海洋参数

01　打开海洋的"属性编辑器"面板，按照图 8-4-17 所示参数进行设置。

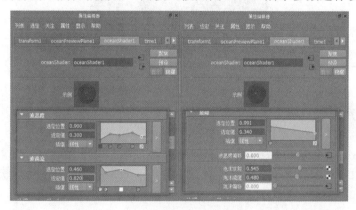

图 8-4-17　设置海洋的属性

02　播放动画，选择中间的一帧测试渲染，效果如图 8-4-18 所示。

图 8-4-18　中间某帧的渲染效果

03 为场景设置灯光，然后渲染输出，最终效果如图 8-4-1 所示。

任务 8.5 布料特效的应用——制作布料效果

◎ 任务目的

本任务以图 8-5-1 所示的效果为参照制作布料特效。通过本任务的学习，读者应掌握制作布料特效的方法。

图 8-5-1　布料效果

相关知识

nCloth 是 Maya 中提供"动力学"布料的解决方案。用户利用 nCloth 可以非常快速地制作布料、橡胶、岩浆、气球等效果，且操作简单、效果逼真、反应速度快，但 nCloth 需要从任意的多边形模型生成。

任务实施

技能点拨：①打开场景文件，将花布模型创建为 nCloth，接着将晾衣杆模型创建为被动碰撞对象；②将动画播放至第 18 帧，执行"nSolver"→"初始状态"→"从当前设置"命令，初始化花布模型的形态；③执行"nConstraint"→"变换"命令，约束与晾衣杆相交的花布模型上的点；④在花布模型的"属性编辑器"面板中设置布料的"风速"和"风噪波"参数；⑤播放动画，查看效果。

视频：制作布料

实施步骤

第 1 步　创建 nCloth

01 打开 Maya 2015 中文版，执行"文件"→"打开场景"命令，打开本任务的场景文件，如图 8-5-2 所示。

02 将 Maya 切换至"nDynamics"（n 动力学）模块，选择场景中的花布模型，执行"nMesh"→"创建 nCloth"命令，将花布模型创建为 nCloth，如图 8-5-3 所示。

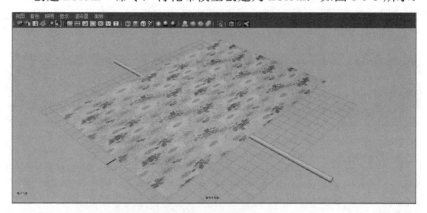

图 8-5-2　场景文件

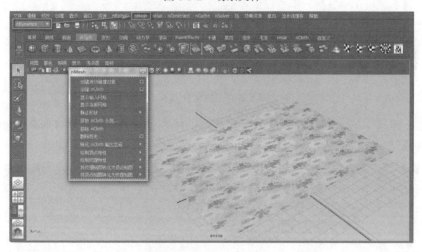

图 8-5-3　创建 nCloth

03 选择场景中的晾衣杆模型，执行"nMesh"→"创建被动碰撞对象"命令，将晾衣杆模型创建为被动碰撞对象，如图 8-5-4 所示。

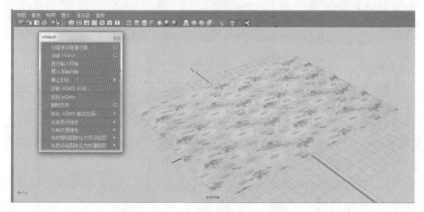

图 8-5-4　创建被动碰撞对象

第 2 步　初始化花布形态

01　将动画播放至第 18 帧时停止播放，选择花布模型，并执行"nSolver"→"初始状态"→"从当前设置"命令，初始化花布模型的形态，如图 8-5-5 所示。

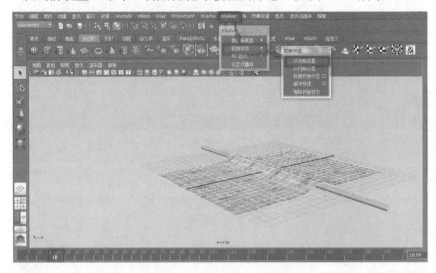

图 8-5-5　初始化花布模型

02　返回第 1 帧，可以看到此时花布模型的形态是之前第 18 帧的形态，播放动画可以看到花布模型在自行解算，如图 8-5-6 所示。

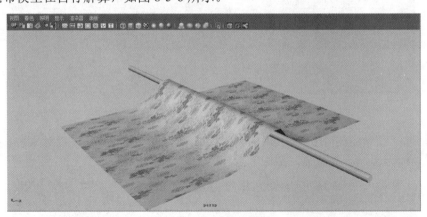

图 8-5-6　播放效果（一）

第 3 步　创建布料约束

01　将"时间"滑块的范围扩大至 300 帧，播放动画，可以看到花布模型垂直降落下来，并与晾衣杆模型相碰撞，如图 8-5-7 所示；但是在 200 帧以后，花布模型由晾衣杆上落下。这是因为花布模型没有固定住，如图 8-5-8 所示。

02　将"时间"滑块移动到第 18 帧，切换到顶视图，进入花布模型的"控制顶点"级别，选择与晾衣杆相交的点，执行"nConstraint"→"变换"命令，如图 8-5-9 所示。

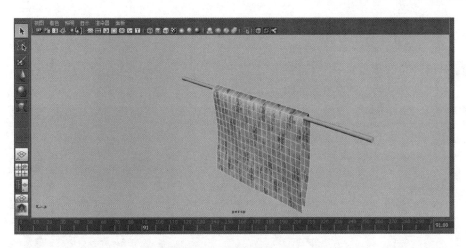

图 8-5-7　播放效果（二）

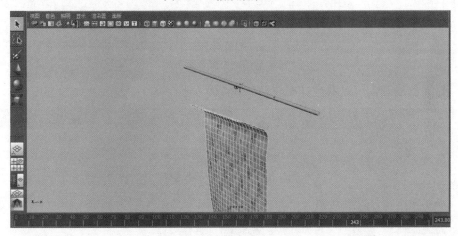

图 8-5-8　播放效果（三）

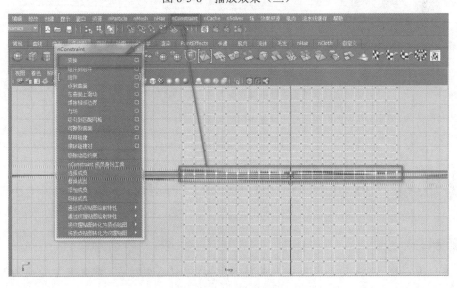

图 8-5-9　固定花布模型

第 4 步　设置布料风参数

01　选择花布模型，在"属性编辑器"面板的"nucleus1"选项卡中设置"风速"为 15，"风噪波"为 0.455，如图 8-5-10 所示。

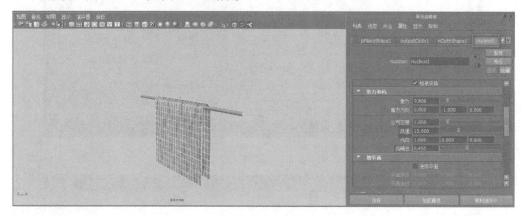

图 8-5-10　设置风参数

02　播放动画，可以看到花布在随风飘扬，如图 8-5-11 所示。

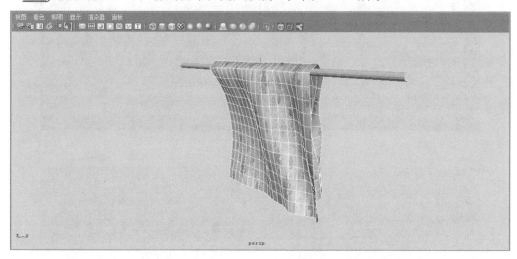

图 8-5-11　最终效果

火焰特效的应用——制作火焰

◎ 任务目的

本任务以图 8-6-1 为参照制作火焰特效。通过本任务的学习，读者应学会使用 Maya 中的"创建火"命令，掌握制作火焰效果的方法。

图 8-6-1 火焰效果

相关知识

"创建火效果选项"窗口中参数的介绍。

1）火强度：设置火焰整体亮度，值越大，亮度越高。
2）火速率：设置火焰粒子发射的速率。
3）火扩散：设置粒子发射的展开角度，取值范围为 0～1。当值为 1 时，展开角度为 180°（仅对定向粒子和曲线发射器有效）。
4）火方向 X/火方向 Y/火方向 Z：设置火焰的发射方向，且可以控制定向粒子发射器的方向。

任务实施

技能点拨：①打开场景文件，设置观察和渲染所用的摄影机；②选择场景中的篝火模型，为其创建火焰特效并测试；③调整火焰特效粒子的属性，并再次测试渲染；④渲染输出。

视频：制作火焰

实施步骤

第 1 步 打开场景文件，创建摄影机

01 打开 Maya 2015 中文版，执行"文件"→"打开场景"命令，打开本任务的场景文件，如图 8-6-2 所示。

02 执行"创建"→"摄影机"→"摄影机"命令，在视图中创建一架摄影机，如图 8-6-3 所示。选择摄影机，执行"面板"→"沿选定对象观看"命令，将摄影机放到一个合适的位置，如图 8-6-4 所示。

03 当摄影机的位置确定好后，在"通道盒"中框选其所有属性并右击，在弹出的快捷菜单中选择"锁定选定项"命令，将摄影机的属性全部锁定，如图 8-6-5 所示。

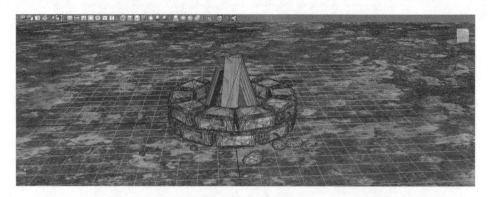

图 8-6-2　场景文件

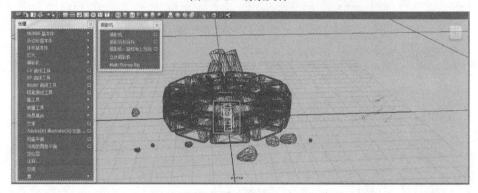

图 8-6-3　创建摄影机

图 8-6-4　放置摄影机

图 8-6-5　锁定摄影机属性

第 2 步　创建火焰特效

01　选择视图中的篝火模型,单击"效果"→"创建火"命令后面的按钮,打开"创建火效果选项"窗口,并按照如图 8-6-6 所示进行参数调整,单击"创建"按钮,完成火焰特效的创建。

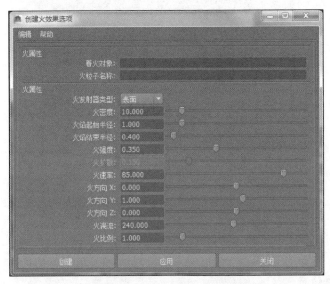

图 8-6-6　创建火焰效果的参数设置

02　播放动画,可以看到从篝火模型上发射出绿色的粒子,这是因为默认情况下粒子显示为云渲染类型,如图 8-6-7 所示。

图 8-6-7　默认动画效果

03　在默认状态下选择一帧进行渲染测试,效果如图 8-6-8 所示。

图 8-6-8　渲染效果

> **小贴士**
>
> 一次只能对一个物体对象创建火焰效果。

第 3 步　渲染输出

01 执行"窗口"→"渲染编辑器"→"渲染设置"命令，打开"渲染设置"窗口，调整输出文件的文件名、文件格式、起始与结束帧等设置，如图 8-6-9 所示。

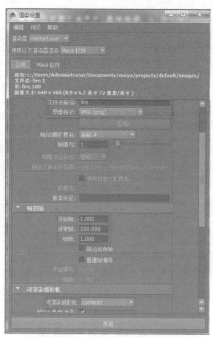

图 8-6-9　"渲染设置"窗口

02 渲染设置确认无误后，切换到"渲染"模块，执行"渲染"→"批渲染"命令，如图 8-6-10 所示。默认情况下，将输出 AVI 文件保存在图 8-6-11 所示位置。

图 8-6-10　进行批渲染　　　　　　图 8-6-11　AVI 文件的输出位置

03 播放动画，可以看到最终火焰效果。

任务 8.7　粒子文字特效的应用——制作 Maya 文字

◎ 任务目的

本任务以图 8-7-1 为参照，使用粒子制作特定文字出现又消散的动画特效。通过本任务的学习，读者应掌握使多边形作为粒子发射目标的方法，以及为粒子发射器和湍流场设置动画关键帧的方法。

图 8-7-1　Maya 文字效果

　任务实施

技能点拨：①在场景中创建多边形字体，并对字体模型进行冻结变换和删除历史记录操作；②创建粒子发射器，并使字体模

视频：粒子文字特效应用

型作为粒子发射的目标；③在"通道盒"中对粒子发射器的"速率"参数进行关键帧设置；④为粒子创建湍流场，并对粒子的"目标权重［0］"参数设置关键帧；⑤调整粒子的渲染属性并修改粒子的材质，渲染输出。

实施步骤

第 1 步　创建多边形字体

01　单击"创建"→"文本"命令后面的按钮，打开"文本曲线选项"窗口，使用"文本"参数中的默认字母"Maya"，将"字体"设置为黑体，将"类型"调整为多边形，将"细分方法"调整为计数，并将计数的数量修改为 800，单击"创建"按钮，如图 8-7-2 所示。

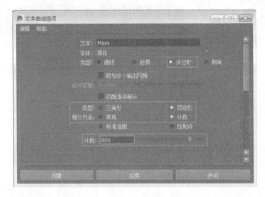

图 8-7-2　设置字体

02　执行"窗口"→"大纲视图"命令，打开"大纲视图"窗口，选择并删除 NURBS 曲线。选择所有的多边形模型，在"多边形"模块下执行"网格"→"结合"命令，合并网格模型，再执行"修改"→"冻结变换"命令；最后执行"编辑"→"按类型删除"→"历史"命令，删除历史记录，这样场景中只剩一个多边形模型，如图 8-7-3 和图 8-7-4 所示。

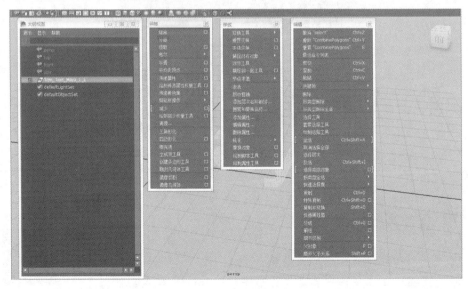

图 8-7-3　整理文字

项目 8 特 效 制 作

图 8-7-4 文字效果

第 2 步 创建粒子发射器

01 在"动力学"模块下单击"粒子"→"创建发射器"命令后面的按钮,打开"发射器选项(创建)"窗口,将"发射器类型"设置为泛向,将"速率(粒子数/秒)"设置为 600,单击"创建"按钮,如图 8-7-5 所示。

图 8-7-5 创建发射器

02 在透视图中使用"移动工具"将粒子发射器移动到字体上方,如图 8-7-6 所示。

图 8-7-6 移动粒子发射器

03 在"大纲视图"窗口中选择 particle1,再加选 polySurface1(字体网格),执行"粒子"→"目标"命令,如图 8-7-7 所示。

图 8-7-7 设置目标

04 将"时间"滑块确定在 200 帧,播放动画,发现粒子从发射器发射出来,且自左至右吸附到模型网格上以后,从第 26 帧的位置重新开始发射、吸附,如图 8-7-8 所示。

图 8-7-8 粒子发射效果

05 执行"显示"→"平视显示仪"→"多边形计数"命令,在视图的左上方可以看到场景中共有 2528 个顶点,可见粒子数量和模型顶点数量一致后才能做到粒子完好地吸附在网格模型上,如图 8-7-9 所示。

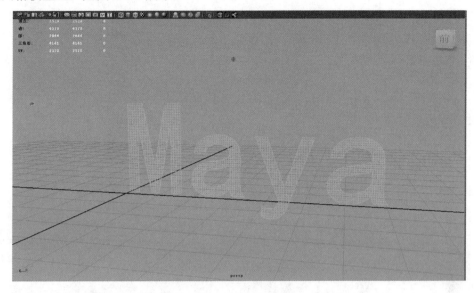

图 8-7-9　模型顶点数

第 3 步　设置速率关键帧

01　选择粒子发射器,并将"时间"滑块移动到第 25 帧,在"通道盒"中将"速率"修改为 2528;在该参数上右击,并在弹出的快捷菜单中选择"为选定项设置关键帧"命令;再将"时间"滑块移动到第 26 帧,将"速率"修改为 0,为其设置关键帧,如图 8-7-10 和图 8-7-11 所示。

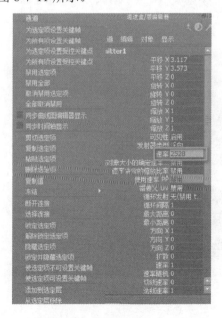

图 8-7-10　设置关键帧(一)

图 8-7-11　设置关键帧(二)

02 播放动画，可以看到粒子发射后吸附在模型网格上，不再发射。图 8-7-12 为第 90 帧效果。

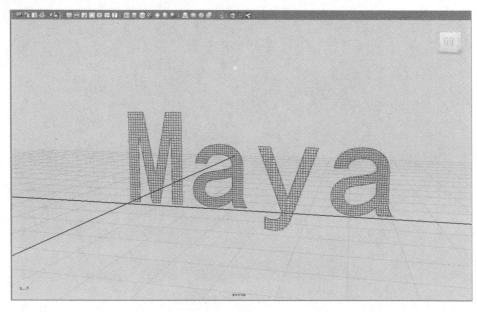

图 8-7-12　第 90 帧效果

第 4 步　创建湍流场

01 选择场景中的粒子，执行"场"→"湍流"命令，为粒子创建一个湍流场，如图 8-7-13 所示。

02 在"大纲视图"窗口中选择湍流场，在"通道盒"中将"幅值"修改为 2，将"衰减"修改为 0，如图 8-7-14 所示。

图 8-7-13　创建湍流场

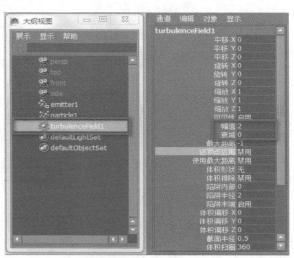

图 8-7-14　修改参数

03 在透视图中使用"移动工具"将湍流场的图标移动到文字下面，如图 8-7-15 所示,播放动画,可以发现此时的粒子已经变得不稳定了。

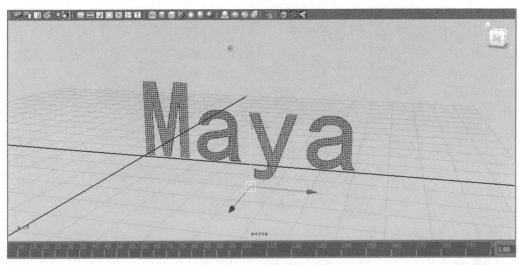

图 8-7-15　移动湍流场

第 5 步　设置权重关键帧

01　选择 particle 1,将"时间"滑块移动到第 90 帧,在"通道盒"中保持"目标权重 [0]"为默认值,为其设置关键帧;再将"时间"滑块移动到第 91 帧,在"通道盒"中将"目标权重 [0]"修改为 0,并再次设置关键帧,如图 8-7-16 和图 8-7-17 所示。

02　播放动画,可以看到在第 90 帧以后,粒子不再被吸附到网格模型上,而是自由地向四面八方发射。图 8-7-18 为第 141 帧效果。

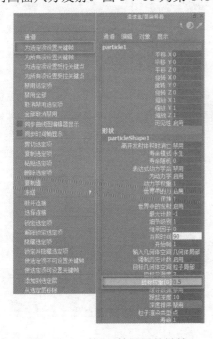

图 8-7-16　第 90 帧设置关键帧

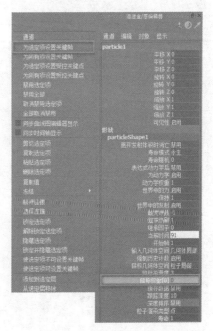

图 8-7-17　第 91 帧设置关键帧

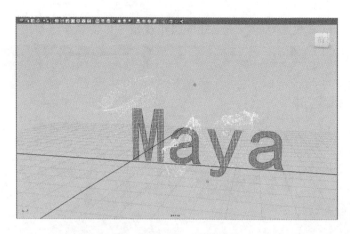

图 8-7-18　第 141 帧效果

第 6 步　渲染粒子属性

01　在"大纲视图"窗口中选择 particle1，在"属性编辑器"面板中将"粒子渲染类型"调整为云；单击"当前渲染类型"按钮，并在产生的新参数中设置"半径"为 0.08，如图 8-7-19 所示。

02　执行"窗口"→"渲染编辑器"→"Hypershade"命令，打开"Hypershade"窗口，然后找到"particleCloud1"材质，并在"属性编辑器"面板中将"颜色"修改为"H"120，"S"1，"V"2，将"透明度"的颜色修改为"H"0，"S"0，"V"0.116，如图 8-7-20 和图 8-7-21 所示。

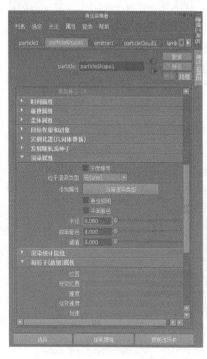

图 8-7-19　修改粒子属性　　图 8-7-20　修改颜色属性　　图 8-7-21　修改透明度属性

03 在"大纲视图"窗口中选择字体模型,按 Ctrl+H 组合键将其隐藏,如图 8-7-22 所示。

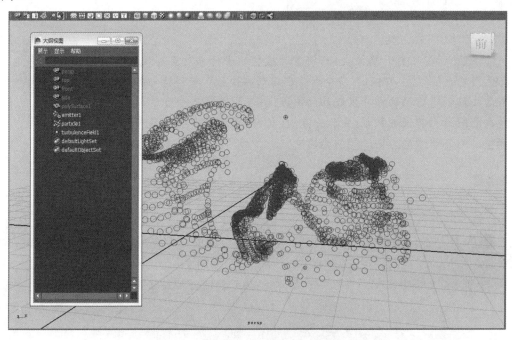

图 8-7-22　隐藏文字

04 选择动画中的一帧,进行渲染。最终效果如图 8-7-1 所示。

任务 8.8　多米诺骨牌特效的应用——制作倒塌的骨牌

◎ 任务目的

本任务制作如图 8-8-1 所示的倒塌的骨牌效果。通过本任务的学习,读者应学习"动力学"模块的应用方法,了解被动和主动关键帧的设置方法,掌握制作多米诺骨牌特效的方法。

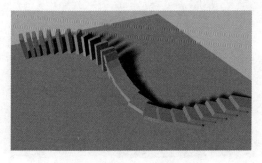

图 8-8-1　倒塌的骨牌效果

任务实施

技能点拨：①打开场景文件，将骨牌模型的坐标移动至其底部；②使用"连接到运动路径"命令和"创建动画快照"命令将骨牌模型沿曲线创建路径动画并生成动画快照；③在设置第1个骨牌模型动画的同时为其设置被动/主动关键帧；④选择场景中所有的骨牌模型，为其创建重力场；⑤渲染输出。

视频：制作倒塌的骨牌

实施步骤

第1步　设置模型坐标

01　打开本任务的场景文件，场景中有一个地面、一条线和一个多米诺骨牌，如图 8-8-2 所示。

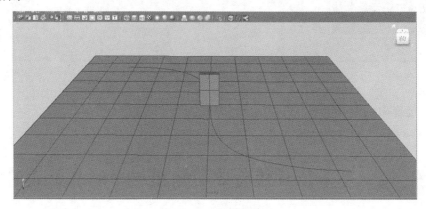

图 8-8-2　场景文件

02　选择骨牌，单击"移动工具"按钮，按 D+V 组合键将骨牌坐标轴心移动到底部，如图 8-8-3 所示。

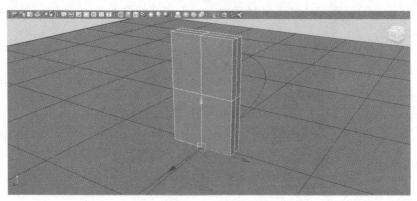

图 8-8-3　修改坐标轴心

第 2 步　创建动画快照

01　选择骨牌和线，单击"动画"→"运动路径"→"连接到运动路径"命令后面的按钮，打开"连接到运动路径选项"窗口，具体参数设置如图 8-8-4 所示。最后单击"附加"按钮，创建一段骨牌沿线条运动的动画，如图 8-8-5 所示。

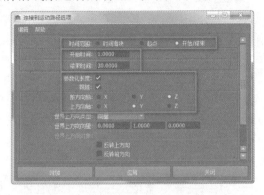

图 8-8-4　设置连接到运动路径参数

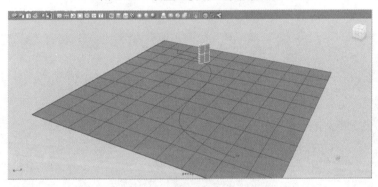

图 8-8-5　骨牌沿线条运动的动画效果

02　选择骨牌模型，单击"动画"→"创建动画快照"命令后面的按钮，打开"动画快照选项"窗口，具体参数设置如图 8-8-6 所示。设置完成后，单击"快照"按钮，在场景中的线条上生成骨牌运动路线的快照物体，如图 8-8-7 所示。

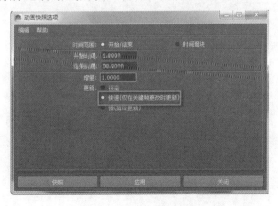

图 8-8-6　动画快照参数设置

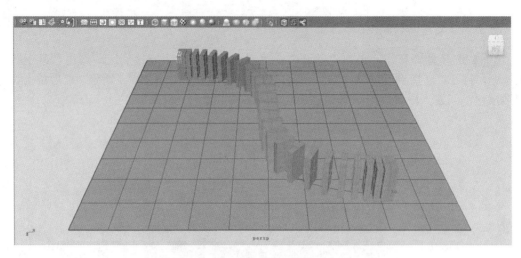

图 8-8-7　快照效果

03　执行"窗口"→"大纲视图"命令,打开"大纲视图"窗口,选择原始的骨牌模型,并按 Ctrl+H 组合键将其隐藏起来,并将起始端与结束端多余的骨牌删掉,如图 8-8-8 所示。

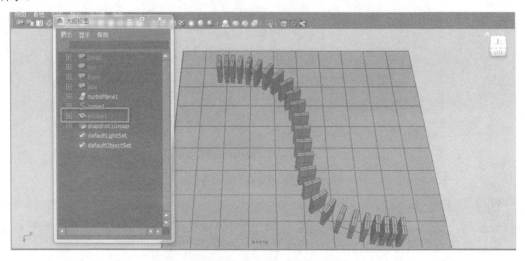

图 8-8-8　调整骨牌模型

第 3 步　设置被动/主动关键帧

01　选择第 1 个骨牌快照物体,按 D+V 组合键将其坐标轴心移动到地面中心位置,如图 8-8-9 所示。

02　将"时间"滑块移动到第 1 帧,选择第 1 个骨牌快照物体,并执行"柔体/刚体"→"设置被动关键帧"命令,如图 8-8-10 所示。

03　将"时间"滑块到第 8 帧,将第 1 个骨牌在 Z 轴上旋转-15°,执行"柔体/刚体"→"设置主动关键帧"命令,如图 8-8-11 所示。

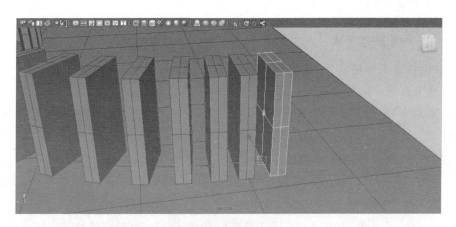

图 8-8-9　移动坐标轴心点

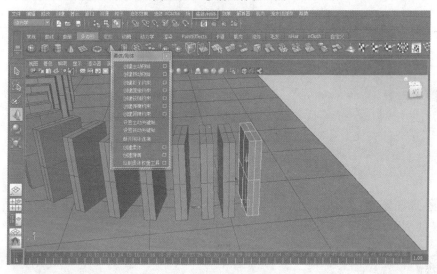

图 8-8-10　设置被动关键帧

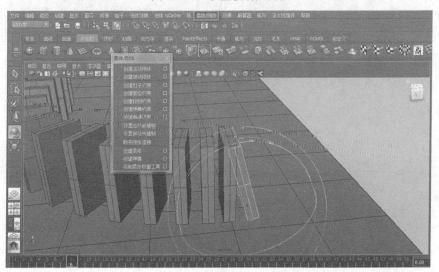

图 8-8-11　设置主动关键帧

第 4 步　创建动力学重力

01　选择场景中所有的骨牌快照物体，在"动力学"模块中执行"场"→"重力"命令，创建重力场，如图 8-8-12 所示。

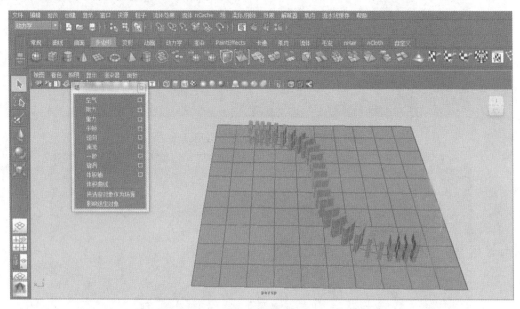

图 8-8-12　创建重力场

02　选择场景中的地面物体，执行"柔体/刚体"→"创建被动刚体"命令，将地面转化为被动刚体，如图 8-8-13 所示。

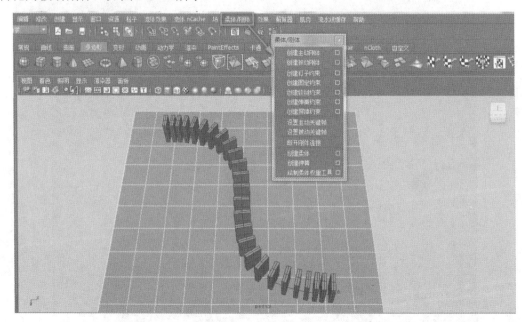

图 8-8-13　创建被动刚体

03 将"时间"滑块的范围确定在 200 帧,播放动画,即可看到多米诺骨牌的效果,如图 8-8-14 所示。

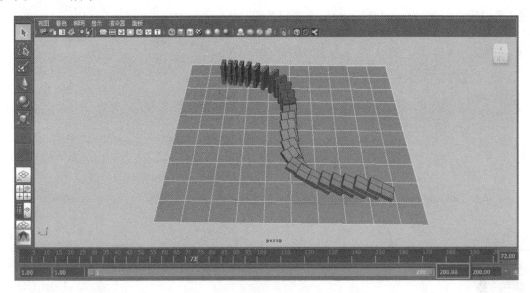

图 8-8-14　修改时间范围效果

04 播放动画,渲染输出,最终效果如图 8-8-1 所示。

参 考 文 献

时代印象，2016．中文版 Maya 2015 技术大全[M]．北京：人民邮电出版社．
新视角文化行，2016．Maya 2015 从入门到精通[M]．北京：人民邮电出版社．
徐彤，刘建超，石浩良，2012．Maya 2012 从入门到精通[M]．北京：科学出版社．